# 针编织服装设计与工艺

丁希凡　编著



東華大學出版社

# 序

我在针编织服装方面是外行，但深知任何一个专业或一门课都需要好的教材，丁希凡正是为此才花费心血编写了这本《针编织服装的设计与工艺》。近些年来，设计艺术教育方面的教材出版十分兴旺，每本教材的印数也不少，这是历史上少有的现象。在上世纪50至80年代，工艺美术院校很少用正式出版的教材，大都使用油印讲义，不少教师既要编讲义，还要刻蜡纸，包括在蜡纸上刻画插图。善于刻蜡纸和插图是美术教师的特长。学校的教材科则有文印室，由专职人员打字和油印，篇幅较大的讲义就由教材科负责，但印刷周期较长，达半年之久。社会上还有一种誊印社，接受各单位刻印文件、票据、讲义。这种讲义虽然简陋，但简便宜行，不但成本很低，教师还可以各显其能，并经常加以修订。同一课程会因教师不同而使用不同的讲义，只要主要内容符合大纲要求，领导就不会干涉。当时每位教师都会主动编写讲义，从助教到专家一律如此。记得1962年南京艺术学院罗尗子先生为我们讲织绣工艺美术史课，发的16开讲义厚有1.5厘米，因困难时期缺纸，所以纸质粗黄，油印的小字读起来很费眼，但我一直珍藏着以为纪念。我还收藏了一本陈之佛先生上世纪50年代的油印图案讲义，是根据陈先生在南京师范学院美术系讲课的记录，整理后手工刻印的，笔迹工整、插图精美，已不可多得。当时也有有组织地集体编讲义的情况，各人分工，统一刻印，可以集思广益。有时借到一本好的讲义，便抄下来以资参考。文革后期，文化部组织一些部属艺术院校编写“统编教材”，尚未出版，“四人帮”即已垮台，只能作一般教材出版，使用的院校不多。上世纪80年代后期有了复印机，但一般都控制使用。我当时为研究生编写了一本《图案设计原理》讲义，用一个暑假抄写了一份手稿，附上插图，经批准复印了三份。这比油印进了一步，但成本高，不易普及。

以上由教材而回想的许多事，难免有怀旧情绪，同时也想表达这样的意思：编写教材是一名大学教师的重要基本功，对不太适合使用统编教材的艺术类特殊专业更是如此；而教材的水平，则在相当程度上体现了这个教师的教学水平。从上世纪末起，教材出版日趋兴旺，尤其是大学扩招以后，教材需求量大增，出版社也顺势把教材作为出版的大宗，这显然是一件好事，但教材质量却良莠不齐。除了存在低水平重复的现象外，少数教材有很多“硬伤”，如一本艺术史教材说，黑陶是由黑土烧成的；还有的教材几乎都是搬抄别人的现成材料拼凑而成。这种不负责任的行为不但有损作者的名誉，还误人子弟。可见，写教材也是对作者学识水平的考验。好的教材总是先有教学实践和设计实践，教材中不但包括基本理论、基本知识和基本技能，也应有许多经验之谈，这对学生的帮助才会更大。当然，本科用的教材与专著不同，需要交待的基本规律和方法皆不可少，个人的独到见解不一定能够充分发挥，有争议的观点更不便展开，但编写教材同样需要广博的知识。著名学者严济慈就曾长期致力于教材和科普读物的编撰。

丁希凡为写这本《针编织服装设计与工艺》的书而作出的努力，则是我亲眼目睹的。丁希凡是著名画家之女，1992年大学本科毕业。她学的是服装设计专业，尤其善画服装效果图，毕业时因成绩优秀而留校任教，长期从事服装设计教学和服装设计实践，2005年晋升为副教授。她在实践中颇有建树。2002－2003年曾三次获《中华杯》国际服装设计大赛的奖项，还发表了多篇关于服装结构设计和针织服装设计的论文；参与《服装工艺师手册》的编撰等，产生了一定的社会影响。《针编织服装设计与工艺》虽是丁希凡编著的第一本教材，但以她的才智和能力，相信会有更多的教材和著作陆续问世，这也是我们老一代教师对她的期望。

2006年春于

苏州金鸡湖左岸

# 目录

**第一章　针编织服装概论** 1

第一节　针编织服装的历史和现状 3
第二节　针编织服装的特点 5
第三节　针编织服装的种类与用途 7

**设计篇**

**第二章　针编织服装的设计提要与设计研究** 9

第一节　针编织服装的设计提要 11
第二节　针编织服装的设计研究 12

# 目 录

**第三章 针编织服装的设计拓展** 17

第一节 针编织服装的造型设计 19
第二节 针编织服装的色彩设计 58

**第四章 针编织服装的设计表达** 79

第一节 针编织罗纹组织的画法 81
第二节 针编织图案花样的画法 84
第三节 针编织装饰设计和镶边的画法 85
第四节 针编织服装的效果图表现图例 89

# 目录

## 工艺篇

**第五章　针编织用具及服装材料质地** 95

第一节　针编织工具和机械设备 97
第二节　针编织服装材料质地 99

**第六章　针编织服装结构设计** 105

第一节　针编织服装尺寸测量 107
第二节　针编织服装原型结构设计 110

**第七章　针编织服装的编织工艺计算法** 119

第一节　针编织服装样片制作 121
第二节　针编织服装针数和行数的计算方法 123

# 目 录

**第八章 针编织工艺设计实例** 129

第一节 编织符号和编织方法 131
第二节 手工编织工艺设计 138
第三节 机织工艺设计 143
第四节 饰品图例 147

**第九章 针编织服装工艺流程及管理** 151

**附录 世界著名针编织服装品牌介绍** 154

**参考文献** 156

**后记** 157

# 第一章　针编织服装概论

# 第一节　针编织服装的历史和现状

## 一、编织品的起源和历史

近年来，由于编织品因其编织工艺的实用性和观赏性而日趋普及，编织品有了突飞猛进的发展。编织品从狭义上讲是手工艺品，从广义上讲也包括用机械编成的编织品。

说起编织，或许可以把人类先民的“结绳纪事”看作是它的滥觞。人们编结网具用以渔猎，编结衣服用以遮体御寒。随着人类对自然认识的不断深入，生产力的不断提高，用以编结的材料也由兽皮、兽筋、茅草而扩大至兽毛、植物表皮纤维乃至蚕丝、合成纤维等。针编织品色彩斑斓、五光十色，编织针法多种多样，各具有特殊的魅力，编结技巧也日趋丰富，并被赋予一种新的属性——审美，人们已经有意识地将编织作为一种独特的艺术。

编织品起源于何时，现在还不明确，但无论如何也不会与人类的历史同样长。编织品最早的遗物推定在公元前五千年，据说在金石并用时代的古埃及的遗物中已经有了编织品。而根据记载，公元前二千五百年的古代印加人使用的面料，大部分是编织品。

公元前一千五百年北欧人使用的“斯普兰克”，也是一种近似编织品的面料。在埃及和小亚细亚发掘出了公元二世纪至四世纪的遗物，在埃及被发掘的遗物中，有土著科普特人（埃及土人）编的毛线袜子等编织品，至今还保持着完整的原形。

公元七八世纪编织的技术在伊斯兰文化扩大的基础上扩展到各地。

中世纪后期到拜占庭时代，是欧洲手工编织技术的成长期。在德国，1417年开始了手工编织。十五世纪后期英国有了手工编织的袜子、腰带、无边帽子、手套等等。十六世纪后期，意大利佛罗伦萨的羊毛编织品开始深深博得人们的欢迎。到了十六世纪，法国的一般人也能穿上编织品了。

编织品真正扩展到全世界已是十六世纪末叶（1589年），这是在英国的牧师威廉姆•里发明了精巧的针织编织机之后而推动起来的。最初的编织机是每1英寸（2.54cm）8个隔距，1589年改进为20个隔距的丝袜编织机，袜子的制造转变为机械化生产。1817年英国的马歇•德温特发明了针织针和带舌的机织钩针，使欧洲的袜子业迅速得到发展，从手动式发展成自动式针织品企业。从此，编织品由袜子到内衣进一步连上衣都能制造了。

虽然编织品的机械化在不断发展，但随着十九世纪末手工艺品运动在英国的兴起，手工编织再度风靡。由第一次世界大战起（191—1918年），编织品的需要量越来越大，1920年左右已开始流行如今的毛衣了。直至今天对于针编织的运用仍是众多设计师所钟爱的设计手法。

## 二、我国针编织服装的状况及发展趋势

编织在我国有着久远的历史，远在新石器时代就有各种编织工艺，到春秋战国时期，编织物已相当精细。陕西西安半坡遗址出土的各类编织品就有100多种，织法种类多样，造型美观大方，实用结实，粗中有细、净中有色是我国传统编织品的特色。编织品可分六大类：竹编、草编、藤编、柳编、棕编、葵编。产品可分篮、盘、萄、篓、服装、提包、帽、鞋、玩具等等。

我国是世界上最大的纺织品服装生产国，同时也是世界上最大的纺织品服装出口国。自上世纪70年代起，针编织服装在整个世界范围内日益受到人们的青睐。世界服装领域呈现出向针织产品发展的趋势。改革开放以来，我国针织服装业以前所未有的速度迅猛发展。近年来，随着人们消费观念的转变，衣着消费需求从保暖向装饰和美化延伸，带动了国内针编织品需求的稳步增长。但我国针编织服装业产品开发相对落后，针编织品市场中低档产品居多，产品款式、规格、原料、工艺、色彩雷同现象较为突出，导致企业库存积压普遍较严重，和我国针编织服装的生产与消费相比，针编织服装的知名品牌缺失不能不说是我们针编织大国的遗憾。

加入WTO后，随着国内外市场形势的变化，将会对我国针编织服装业产生重大影响。中国的入世将会给我国针织服装业带来前所未有的机遇，同时也会使我国的针织服装业面临更加严峻的挑战。因此更需要设计师们不断钻研，积极推进工艺技术进步，促进传统针织品的深、精加工和高新技术产品的开发，努力开拓国际市场，迅速发展新品、精品，参与国际竞争，全面提高出口附加值和竞争力，适应开放后的市场需要，创出中国著名的针编织服装品牌。

# 第二节 针编织服装的特点

针编织服装与梭织服装相比，因面料的构成方式不同，在组织结构、缝制工艺、服用性能及外观等方面都有所不同，它具有梭织服装所没有的特点，因此针编织服装是服装中极具个性的一类，其基本特点有以下几方面。

## 一、拉伸性

拉伸性也称弹性，是最引人注目的特征，线圈在受外力作用时，线圈中的圈柱与圈弧发生转移，放弃外力，便能恢复原状。由于针编织物是靠纱线纵向或横向联系，发生转移的程度与原料种类、弹性、细度、线圈长度以及染整加工等因素有关。因此，针编织面料手感柔软，适体性好，能显现人体的线条，又不妨碍运动。在样板设计时可以最大限度地减少为造型而设计的接缝、收褶、拼接等，是适合做各种内衣、运动服、休闲服的理想材料。但是拉伸性好的面料尺寸稳定性相对较差，易变形。因此，面料伸缩性的大小就成为在样板设计制作时的一个重要的依据。

## 二、脱散性

脱散性是指织物的纱线断裂或线圈失去串套联系后，造成线圈和线圈相分离的现象。当纱线断裂后，线圈就会沿纵行脱散，使织物的强力和外观受到影响。针编织物的脱散性与其组织结构、纱线的摩擦系数、织物密度和纱线抗弯刚度等因素有关。单面纬平针组织脱散性较大，提花织物、双面组织、经编织物脱散性较小或不脱散。在样板设计与制作时要注意有些针织面料不要运用太多的夸张手法，尽可能不设计省道、切割线，拼接缝也不宜过多，以防止发生针织线圈的脱散而影响服装的服用性，应运用简洁柔和的线条与针编织品的柔软适体风格协调一致。脱散性在服装穿用过程中虽是一个缺点，但在编织中可以利用这一特点，如编织产品中的脱散横列，加工解编变形纱，也可使织物脱散后重新编织等。

## 三、卷边性

某些组织的针编织物在自然状态下，其边缘发生包卷的现象称为卷边性。卷边性与针编织物的组织结构、纱线的弹性以及织物的密度等因素有关。一般多见于单面针编织物的卷边性较严重，双面针编织物没有卷边性。卷边性是针编织物的不足之处，它可能造成衣片的接缝处不平整或服装边缘的尺寸变化，最终影响到服装的整体造型效果和服装的规格尺寸。但并不是所有的针编织物都具有卷边性，而是如纬平针织物等个别组织结构的织物才有，对于这种织物，在样板设计时可以通过加放尺寸进行挽边、镶接罗纹或滚边及在服装边缘部位镶嵌粘合衬条的办法解决。有些针织物的卷边性在织物进行后整理的过程中已经消除，避免了样板设计时的麻烦。设计师在了解面料性能的基础上可以反弊为利，利用织物的卷边性，将其设计应用到针编织服装的领口、袖口等部位，从而使服装得到特殊的外观风格，令人耳目一新，特别是在成型服装的编织中还可以利用其卷边性形成独特的花纹或分割线。

## 四、透气性和吸湿性

针编织织物的线圈结构能保存较多的空气，因而透气性、吸湿性、保暖性都较好，但防风性差，在储存中应注意通风，保持干燥，防止霉变。

## 五、钩丝与起毛、起球

编织物由于结构比较松散，在使用过程中碰到坚硬的物体时，其中的纤维或纱线就会被钩出，这种现象称为钩丝。编织物在穿着、洗涤过程中不断受到磨擦时，纱线表面的纤维端露出织物表面的现象称为起毛；当起毛的纤维端在以后的穿着中不能及时脱落，就会相互纠缠在一起被揉成许多球形小粒，称为起球。针编织物的钩丝和起毛、起球主要与织物的原料、纱线的结构、织物的组织结构、染整加工及成品的服用条件等因素有关。

## 六、抗剪性

抗剪性表现在两个方面：一是由于面料表面光滑，用电剪刀裁剪时层与层之间易发生滑移现象，使上下层裁片尺寸产生差异；二是裁剪化纤面料时，由于电剪刀速度过快，铺料又较厚，摩擦发热易使化纤溶融粘结。为防止这些现象，裁剪时，不宜铺料过厚，需采用专用布夹夹住再开剪或手工裁剪，也可降低电剪刀速度或采用波形刀口的刀片。

## 七、纬斜性

当圆筒纬编针织物的纵行与横列之间相互不垂直时，形成纬斜现象，用这类坯布缝制的产品洗涤后会产生扭曲变形。纬斜主要由编织纱线的捻度造成的，因此开幅织物常用拉幅整理来纠正纬斜；色织织物则采用沿某纵行剖幅的办法，以便裁剪缝制时能对格对条。

## 八、工艺回缩性

针织面料裁成衣片后，在缝制与穿着过程中会产生纵横方向不同程度的收缩变化，其回缩量与原衣片长、宽尺寸之比称为工艺回缩率。回缩率的大小与织物组织结构、原料种类和细度、染整加工和后整理的方式等条件有关。尺寸不稳定是某些针编织物的缺点，它除了与织物的组织结构、织物密度有关外，还与使用原料的性质有关。如棉针编织面料有较大的收缩率，纵、横向都有，其收缩时间也很长。一般回缩率为2%，为确保成衣规格，在设计样板时要考虑适当增加一定的回缩率来避免这一缺点对服装规格的影响。因此设计时工艺回缩率是必须考虑的工艺参数。

# 第三节　针编织服装的种类与用途

## 一、针编织服装

针编织服装是指以线圈为最小组成单元的服装。按加工方式不同，针编织服装可分为两大类：一类是采用针织坯布（已编织成的面料），按照纸样经裁剪、缝制而成的服装；另一类是采用针编织成形技术编织衣坯（用线或细绳编出线圈来直接成形的方法），不经（或仅用极少量）裁剪即缝合而成的服装。

## 二、针编织服装的种类与用途

按照我国的行业习惯，并参考国际常例，针编织服装可分为针编织毛衫、运动服、内衣、外套、袜品和各种围巾、披肩、帽子、手套等服饰品。

### （一）针编织毛衫类

针织毛衫是针编织服装中的一个重要门类，相对于其他针编织服装和梭织服装而言，它有很大的特殊性。针织毛衫语源来自运动员们为了吸汗的目的而使用的编织上衣。毛衣的品种极为丰富，款式、色彩、装饰常随季节及时尚的变化而不断更新。现代的毛衣集时装与日常服为一体，穿着日趋广泛，就连礼服这样的领域也开始采用了。

针织毛衫可按加工方式、原料和款式来分类。

**按加工方式分**：手工编织和机器编织两大类。

**按原料分**：羊毛衫、羊绒衫、羊仔毛衫、兔毛衫、驼毛衫、雪兰毛衫、真丝衫、棉纱衫、，腈纶衫、混纺毛衫等。

**按款式分**：开衫、套衫、背心、套装、裙、裤等。

### （二）运动服类

现在运动员为吸汗而穿的棉衫叫做运动衫，要求穿着活动灵便、暖和、舒畅，针编织品是最为适合的品种。这些年随着对健康意识的提高，特别是以年轻一代为中心的运动衫已逐渐发展成休闲装了。

**外套化的绒衫裤**

以往作为保暖服装穿在外衣里面的绒衫、绒裤，现在则作为运动服穿在外面，如薄绒运动衣等。这类外套化的绒衣裤经镶拼、饰彩道或印花、绣花、气眼扣再穿绳带等装饰设计，表现出刚健、豪放、洒脱、活泼的服装风格。

**T恤衫**

由针织汗衫发展而来，原料有涤棉、涤麻、全棉纱线和全棉丝光线，丝光线属高档T恤衫的用料。面料结构有单面平布、网眼布、彩横条汗布等T恤衫的基本款式为半襟的短袖翻领衫（又称扣子衫），或罗纹圆领与袖口的短袖衫。另有一种饰以商标、徽记或文字的“广告衫”，穿着的同时伴有商业宣传作用，这是T恤衫的变化品种。

## （三）针织内衣类

这是指穿在外衣里面、紧贴肌肤的针织成衣，通常有普通内衣、矫形内衣、装饰内衣三大类。

**普通内衣**

普通内衣包括传统针织服装的“三衫”，即：汗衫背心（汗裤），棉毛衫裤，紧身衣，健身衣等。汗衫背心（汗裤）由中、细支纯绵或混纺纱织制，薄型，男装款式简单，女装与童装较为花俏；棉毛衫裤，由纯棉或混纺纱织制，采用纬编双罗纹组织，柔软厚实，适于春、秋、冬季节贴身穿着；紧身衣，健身衣采用丝织和化纤针织较多。

**矫形内衣**

矫形内衣包括各种文胸、束裤、束衣、束腰、吊裤带以及裙撑等。通常采用超细纤维生产的面料，或收缩性优异的弹力网眼经编织物缝制，细密柔软，导湿性好，款式多样，具有矫正体形的作用。

**装饰内衣**

装饰内衣包括衬裙、衬衣裤、乳罩式紧身衣或睡衣等，通常穿在贴身内衣外面。其功能是为了使外衣便于穿脱。健美运动时所穿用的紧身针织衣，富有现代健美感。

近年来，随着内衣外穿的服饰潮流，针织内衣一改以往的单调格式，呈现出新潮化、时装化的趋势。

## （四）针编织外套类

随着针织技术的发展，针编织外衣的品种日益增多，有各种上衣、外裤、外裙、罩衣、大衣、套装等，能适应社交、家居、运动和休闲不同场合之用。

针编织外衣的面料通常以化纤纯纺、化纤与天然纤维混纺或交织的针织花色布居多，质地挺括、抗皱、稳定性好。款式追随流行，较为时髦，以套装和裙服为主。

## （五）针编织服饰品类

作为与针编织服装配套用品，针编织服饰品具有不可或缺的重要作用。

**针编织袜子**

针编织袜子为成型编织品，是花色品目最为繁多的针编织饰品，有弹力尼龙袜、卡普隆丝袜、毛巾袜、色跟袜、花样丝袜等。随着超短裙装的盛行，袜子的设计变化更可谓层出不穷，应有尽有。

**针编织手套**

是由成型编织或用针织坯布缝制而成，按用途分为装饰用、保暖用和劳保用针编织手套等。

**针编织帽**

冬季保暖帽多为成型编结而成，夏季凉帽则采用网眼或针织布缝制。帽型款式变化极多。

**针编织围巾、披肩、领带**

可根据不同服装风格设计的围巾、披肩、领带，色彩与花纹富于变化，能适合不同服装配饰的需要。

# 第二章　针编织服装的设计提要与设计研究

针编织服装的设计过程比较特殊，完整的设计过程需要有以下所有内容。具体设计过程表如下：

设计提要——目的、效果的考察

↓

设计研究——灵感、构思、创新和趋势分析

↓

设计拓展——廓形、色彩、图案、配饰、镶拼和构成要素

↓

设计表达——时装画表现、制图表现

↓

工艺制作——原型、结构设计、编织

↓

结果——制作完成

本章主要讨论针编织服装的设计提要和设计研究，第三章和第四章分别讲述设计拓展和设计表达，第五至第九章分析针编织服装的结构设计及工艺制作。

# 第一节　针编织服装的设计提要

在设计工作开始之前，首先要思考的最为重要的是顾客或设计项目的要求是什么。认真仔细地分析设计提要是设计成败的关键，因此有必要考虑以下一些问题。

为什么（Why），就是对目的的考虑。包括要你做什么？对目的的考虑是从设计及设计的素材讨论开始。如果设计的目的不明确，那么具体的服装造型、素材、色彩就很难决定，这样，就会直接影响设计进程。

谁（Who），指的是穿衣服的人。设计的产品是为人服务的，不同的人有不同的品味，无论是男性还是女性，年轻人还是老年人，个子高大的还是矮小的，胖与瘦的体形特征及人的内在与外在的气质特征，文化程度，细腻的皮肤，发型等等都是应该具体分析和考察的。

什么时候（When），指的是时间与季节的考虑。设计什么季节的服装，白天还是夜晚，时间不同，服装在构思要求和功能上也应不同。

什么地方（Where），就是指人活动的范围及空间。在服装设计中，并不是仅仅为了设计而设计，人的多元次因素都考虑在其中，生活的场地对着装的效果是有明显影响的。

怎样（What），就是指什么样子的服装。包括有无一些特殊的要求，比如说儿童睡衣之类的设计要求是什么？服装的实用种类和穿着的效果是设计者必须认真考虑的课题。

多少（How），是指服装的价格定位和所需费用的考虑。包括能详细地了解市场吗？没有预算的计划是不会成功的，而无限制的预算也是不现实的。

采用什么来表示流行趋势？在格式、表现手法、草图设计等方面希望怎么做？

需要参考其他诸如历史、文化、艺术灵感等方面的资料吗？

工作量有多大？是否有期限要求？

设计完成之后要求的是什么风格？能使用创造性的展示手段和媒体技术吗？等等诸如此类的一些问题。

设计提要的分析应当从解构开始，以重构结束。分解设计提要能使设计师决定顾客确信他们想要的是什么，更重要的是，这样做能让设计师明白顾客确实需要什么。

# 第二节　针编织服装的设计研究

## 一、设计灵感研究

### （一）灵感

灵感是指人们长期从事于某一事物过程中产生的突发性思维。灵感在人类思维活动的潜意识中酝酿，在不经意中突然闪现，是人类创造过程中一种感觉得到但却看不见摸不着的东西，是一种心灵上的感应。这一独特的心灵感应现象对设计的突发奇想往往起着关键性的作用，尤如百思不得其解的创作过程中的神来之助。灵感在平时是无法预想的，它的产生不是能够保证的，是偶然的、突发的、短暂的，但是灵感的闪现只有在精力集中，努力追求、苦思冥想中才能发生。在人类的创造活动中灵感起着非常重要的作用，不经过灵感阶段是绝对不可能创新的。

收集各种资料能从一个想法引出更多想法

### （二）灵感的来源

虽说灵感的出现带有突发性和偶然性，但其思维过程是一个客观的发生过程，有着某种必然性，许多成功的设计往往是在灵感突现的一刹那才形成的，那么这些灵感来自何处？

**1. 生活**

艺术设计中的灵感往往与生活息息相关。灵感虽出现在人的设计思维中，但却是来源于客观现实世界，任何灵感不可能是无源之水、无本之木，而是生活中的万事万物在人的思维中长期积累的产物。生活是服装设计创作取之不竭的源泉，通过观察、体验生活，在生活中产生创作灵感。

灵感源于圣母圣婴像

灵感源于青铜女神

灵感源于北欧传说中的千古之谜

灵感源于印第安服饰

**2. 大自然**

大自然孕育了人类，也为人类艺术创作提供了丰富的素材与灵感，是永远取用不尽的资源。自然界中的一花一草、一山一水及动物世界等都会给设计带来灵感和新思路。仿生设计便是如此。

**3.姐妹艺术**

绘画、雕塑、摄影、音乐、舞蹈、戏剧、电影、诗歌、文学等姐妹艺术是设计灵感的最主要来源之一。艺术在很多方面是融会贯通的，不仅在题材上可以相互借鉴，在表现手法上也可以融会贯通。绘画中的线条与色块、雕塑中的主体与空间、摄影中的光影与色调、音乐中的旋律与和声、舞蹈中的节奏与动感、戏剧中的夸张与简约、诗歌中的呼应与意境，都会给予设计师无穷的灵感。

**4.科技成果**

文化的发展、科技的革命对服饰观念产生了巨大的冲击，新事物左右着服装流行的风潮，科技成果激发着设计灵感。如利用科技成果设计打开新的设计思路，纳米科技、生物科技、信息科技创造了科技时尚，同时也创造了服装的时尚，以健康为主题的“绿色生态”服装的问世便是如此。

**5.社会动态**

服装是社会的一面镜子，是时代文化模式中的社会活动的一种表现形式，服装的设计风貌反映了一定历史时期的社会文化动态，敏感的设计者会捕捉社会环境的变革，推出符合时代新思潮、新动向、新观念的时尚服装。在社会动态的震荡中，设计者捕捉着设计灵感。

**6.民族民俗风情**

由于民族生活习惯、经济状况、思维方式、审美心理的差异，造就了不同的服饰文化，正是每个民族拥有自己的文化，才使世界变得丰富多彩。印度服饰、中东服饰、印第安服饰、非洲服饰都孕育着服装设计灵感。

**7. 资料、讯息**

杂志、书籍、幻灯片、录影带或者光盘等来自于新闻媒体、时装发布会的讯息，都可以被设计师当作设计资讯，资讯的积累可以拓宽我们的思路，激发设计灵感。

## 二、设计创新能力研究

作为一个设计师，应具有创造性思维能力，要善于利用任何现有资源做好设计。创新意识是每个设计师都必须具备的素质。

### （一）创新

创新就是摒除旧的，从而成功改变我们原来做事情的方法，创造新的方法。创新有两种：一种是原创式创新；另一种是增加式创新，即在原有基础上开拓创新，产生新的方法。

### （二）创新能力训练方法

要想把设计创新活动坚持下去，首先必须保持兴趣，同时还必须对新鲜事物有开放的心态。有了这些动力，才能提高把握机会和解决问题的能力。创新能力训练方法多种多样。

**1. 联想与构思**

要善于将理念与理念联系起来，然后想想这些有联系的理念是不是可以用来描述具有新概念意义的产品。类似联想、形态联想等练习是帮助形成这些想法的方法、手段。

**2. 横向思考**

横向思考能力训练会使我们的设计趣味更浓，设计工作的过程会变得更有乐趣。

**3. 探究原理**

探究原理，会增加看待问题的敏感性。敏感性的增强有助于我们把握机遇的能力。

**4. 分析失败原因**

有些灵感常常是从失败中获得的，不要害怕失败，要重视它，没有失败就很难吸取教训。思考设计为什么会失败，会有助于创新能力的培养。

**5. 尝试新方法**

尝试新方法是一项实实在在的动手练习，它需要动脑筋好好思考。用另一种不同的方法把以前做过许多次的事情再重新做一次，比较两种方法优缺点。要不断进行新的尝试和体验，并把这些体验同从前的那些进行常规性对比。

**6. 类推**

类推训练做得越多，它对做其他练习的帮助就越大，同时对增强记忆力和机会敏感性也非常有帮助。有时能通过“如果……那么……”的推理方式前进好几步。类推是用来向他人解释新概念的一种好办法，也可能会对解决目前的问题有所启发。

#### 7. 知识迁移

了解某事物并想对其有更进一步的认识，最好的办法就是把它再教给别人。只要有机会，就要把自己知道的同他人分享。把自己的理解口述出来，就会发现自己对这一事物的认识更清晰了。

#### 8. 记日记

身上随时装着一本日记本，可把一些想法、信息以及问题随时记下来。不能指望记住所有经过短时记忆的想法，但是把这些想法用笔记下来，能帮助你把它们转移到记忆中，这就像在日记里添加储存信息一样，把想法记录下来。

#### 9. 小结

及时小结，使自己进行回顾和反思，从而感受到它们给自己带来的益处。

通过实践，每个人都会获得大量的、增长知识和扩大创新思维范围的机会。成功的创新，需要创造性思维、创新能力训练，应用所需的知识技能，激发成功所需的各方面的灵感。

## 三、流行趋势研究

流行，是在特定的文化条件下和在一定的时空范围内为人们广泛采用的一种非常规的行为特征。服装流行也是在一定特定环境与背景条件下产生的社会现象，它是人类社会物质文明高度发展的标志，是时代的象征，服装的流行趋势是服装发展的动向。流行趋势不断受经济、社会、政治、文化等变革的影响，它们为时装设计师提供了基本的设计方向。因此服装设计师应当具备对流行的敏锐观察力，以及对流行趋势的预测和分析能力，才能设计出时尚流行的服装。

### （一）影响流行趋势的因素

**社会经济因素**：社会经济的发达与否直接影响到服装的发展变化，经济水平的提高与服装消费的进展有着密切的联系。

**政治因素**：流行是时代的产物，主要受不同时代的政治思想、经济文化和发生的重大事件等客观因素所影响。从历史上看，任何国家、任何时代的变革，都给服装带来巨大的变动，政治的变革无疑对服装流行趋势带来巨大的影响。例如，辛亥革命推翻了清王朝，把长袍马褂变成了便于活动的短装——“中山装”。

**民族习惯与地域环境因素**：固有的民族习惯与穿着方式也会影响到服装的功能与需要。民族服饰很少受到流行趋势的影响，因此，民族服饰变化是很缓慢的。

**文化思潮因素**：服装的流行直接反映了流行于那个时代的文化思潮。一些文艺思潮和艺术风格的兴起，如洛可可风格、巴洛克风格、构成主义和新艺术主义等都对服装设计产生了重大的影响。

**科学技术因素**：科学技术的发展对服装流行有着举足轻重的影响。古往今来，每一种有关服装技术方面的发明和革新，都会给服装的发展带来重要的促进作用。

**生活方式因素**：在制约服装流行的诸多要素中，生活方式是较为密切的制约因素。衣着是生活方式的重要方面，服装的流行会随生活方式的变化而变化。

### （二）流行趋势预测分析

#### 1. 情报收集

设计灵感可能会来自许多不相关的领域。设计需要不断地从各方面获取信息，既要考虑目前时装发展的状况，还要有超前意识。收集情报有许多方法和途径。

**街头收集：**把行人穿着的、有独特风格的服装速写下来或拍成照片。

**流行趋势预测信息：**收集流行趋势预测信息也会影响设计的方向。

### 2. 流行预测咨询出版物和期刊的收集

流行预测资料能为设计过程提供所需的流行趋势方面的信息。流行预测信息提供了有关消费者、生活方式、消费者的其他方面，给予时装表演、街头表演、街头风格、零售报告及流行趋势等诸多方面的指导。设计师有责任为消费者解读流行趋势，他们能在流行期刊或出版物上找到相关信息，一般有咨询机构编辑出版物以及以杂志形式出版的一般性时装期刊。

**流行预测咨询出版物：**这类出版物中包含了一些消费者咨询的热点问题，是为了吸引特定的人或人群的注意。

**流行预测期刊：**这类刊物格式规范，能从中得到灵感，是各类人群理想的读物。

### 3. 各方面流行趋向预测收集

流行趋向预测信息比"时装流行预测"信息涉及的面广，因为它不只局限于时装。流行趋向被记录下来，再由流行趋向预测专家进行不断的调整，然后向媒体或社会发布。许多企业靠流行预测信息来预测相关的变化并策划自己的产品开发。

### 4. 流行色预测收集

为了预测流行，有必要掌握消费者对产品的色彩喜好，因此色彩是一个季度的服装首先要考虑的因素，要提前得到有关流行色预测方面的信息。

### 5. 编织线的新品种及博览会的报道收集

编织线的新品种来自于纺织材料博览会所发布的新产品信息。

### 6. 设计师作品发布回顾收集

设计师作品发布信息是来自于米兰、纽约、巴黎、伦敦和东京的设计师的时装展发布的信息。

### 7. 零售报告收集

收集零售报告提供的详细的服装效果图、来源、设计师、价格、纺织材料、色彩及独特的卖点的信息，以便在全世界范围内，发现零售部门服装"流行走向"。

### 8. 符合流行趋势的样衣收集

从世界各地买来的样衣，把这些样衣经过分析，画成规格图，收入出版物来作为信息收集。

### 9. 主题收集

为新季度进行流行预测，通常要确定一系列主题。确定主题的目的是启发和引导设计师为不同规格档次的市场进行设计。要求设计者准确解读主题，设计出适合某一特定档次、市场的服装。

# 第三章　针编织服装的设计拓展

# 第一节　针编织服装的造型设计

针编织服装造型指的是服装的外部设计线、内部设计线、服装图案、服饰色彩、附加装饰及制作关系等所构成的视觉形态。由于针编织面料具有的特殊性能及外观风格，因此在造型、色彩、装饰等方面都具有独特的设计特点。

## 一、廓形设计

针编织服装的廓型是指针编织服装的外部造型剪影，廓型设计是针编织服装造型设计的根本。针编织服装廓型以简洁明了的视觉印象，表达着服装造型的风格、体型的特点。针编织服装廓型基本以字母型表示法和覆盖状态表示法最为常见，此外还有几何型、物象型等表示方法。

### （一）字母型表示法

字母型表示法，就是以字母形态特征来表示服装造型的特点，以英文字母为主，最基本的有五种：即A型、H型、X型、T型、Y型。

**A型特征：** 也称正三角形外形，以不收腰宽下摆，或收腰宽下摆，半截裙以紧腰阔摆为基本特征。A型廓型服装具有活泼，富于流动感的特点。

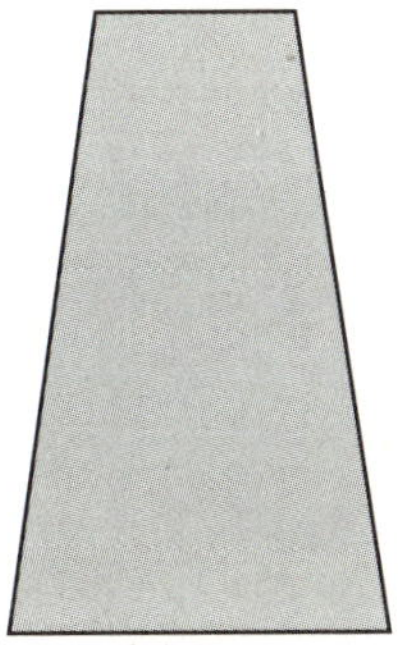

A型

**H型特征：** 也称矩形、箱形或筒形，以不收腰、筒形下摆为基本特征。H型廓型服装具有宽松、舒适的特点。

H型

**X型特征：** 以稍宽肩部、阔摆、束腰为基本特征。X型廓型服装具有优美、温柔，富有女人味的特点。

X型

**T 型特征：** 夸张的肩部，直筒的衣身，上宽下窄为基本特征。T 型廓型服装具有潇洒、男性化的特点。

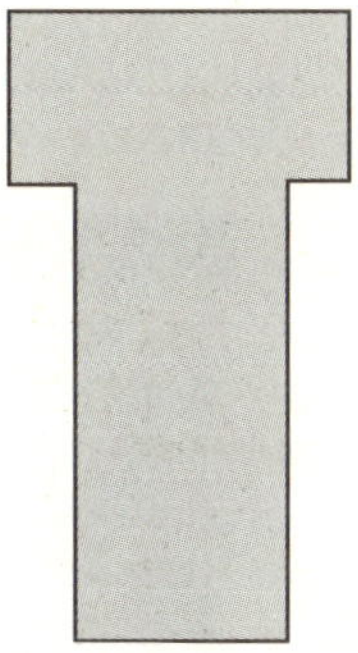

H 型

**Y 型特征：** 多为侧视服装时体现，以稍宽肩部，自然的臀部造型为基本特征。Y 型廓型服装具有较为性感的特点。

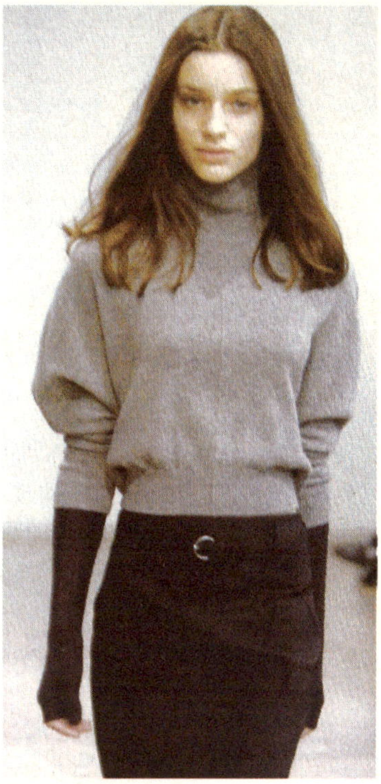

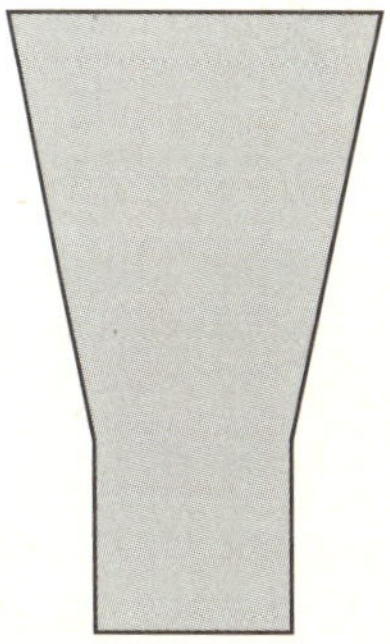

Y 型

## （二）覆盖状态表示法

**直身式：** 直身式是以垂直水平线组成的方形设计，是针编织服装传统的造型风格。肩线呈水平稍有倾斜的自然形，腰线呈直线或稍呈曲线，具有造型轮廓简洁明快，端庄大方的特点，穿着自如，方便舒适。如普通针编织外衣、T恤、毛衫等。

**宽松式：** 宽松式是在直身的基础上增加空间上的放松度而产生的造型。这种造型能较好地体现面料柔软、悬垂的性能优点，穿着舒适休闲，简洁大方。如各种豪放、洒脱的大衣、外套和轻松、休闲的便装、家居服等。

**紧身式：** 紧身式是利用织物富有弹性的特点制成的适体性极强的服装造型。这种造型能充分展现人体线条，并能伸缩自如地适应运动。如各类紧身运动衣、紧身内衣、紧身便装等。

## 二、造型要素

针编织服装造型设计的基本构成要素是点、线、面、体四大要素。针编织服装构成主要是通过点、线、面、体的基本形式进行分割、积聚、组合、排列，从而产生形态各异的服装造型。

造型设计中与数学概念中的点、线、面、体既有联系又有截然不同的区别。点、线、面、体之间既相互联系又相互制约，设计中运用形式美的法则将这些要素组合，形成理想完美的造型。本单元内容主要从造型的角度来解析四大要素在造型艺术中的概念及其在服装上的表现形式。

### （一）点

#### 1.点的概念

点是一切形态的基础，在几何意义上的点产生于线的端点和两条直线的相交之处，或者是直线的转折、直线和面的相交之处。因此，点是只有位置、无方向、无长度的几何图形。在造型设计中点是以视觉对其大小面积的感受来界定的。面积越小，点的感觉越强。造型设计中的点有大小、形状、色彩、质地的变化，是相对较小的点状物，而不是几何学里那种没有面积、只有位置的点。点在造型设计中代表了它的大小而并非是它的形状，如服装上的口袋、扣子、领结、饰物、头饰、手套、包带等，这种点给人以明快、规范之感，装饰味较浓。

点是构成形式美中不可缺少的一部分，点的重复可形成节奏和韵律，点的组合可产生平衡，点可以协调整体关系，点可以构成统一感。在设计中，由于点的位置不同，会产生不同的效果。同样一个点，不同的放置位置、不同的排列位置，都会让人产生视觉感受上的心理差别。因此，首先要学习和掌握点的视觉特征。

**单点**

平稳

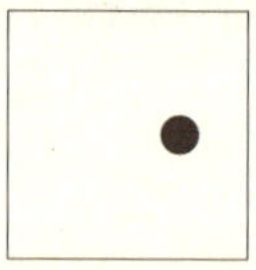

运动

**两点**

对称

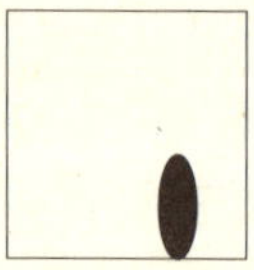

集中

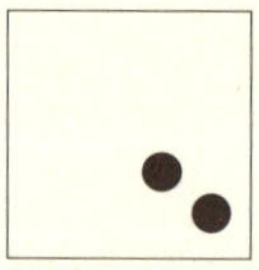

动感

**多点**

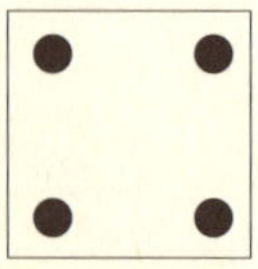

平面

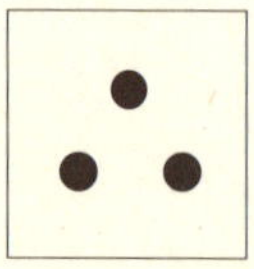

稳定

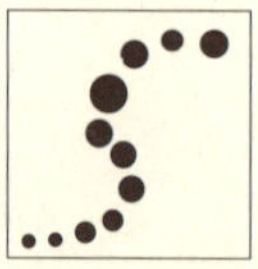

柔和、韵律

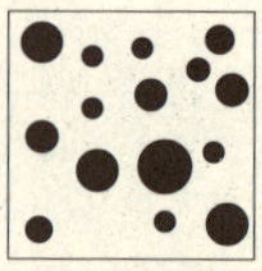

分散、混乱

### 2. 点在针编织服装上的表现形式

点在造型设计中是最小、最简洁同时也是最活跃的因素，它既有宽度，也有深度，能够吸引人的视线，设计中的点能够引人注目。在针编织服装设计中点的使用例子很多，如服饰品、钮扣、图案、水珠花纹、点状花纹等。这些在服装上起装饰、辅助作用的部分，都可视作为点。点在服装上的表现形式可以分为三大类：饰品类、辅料类和工艺类。

#### 服饰品

服饰品原意为附属品，是服装上起辅助作用的部分，可以分为实用性的服饰品和装饰性的服饰品。帽子、鞋、手提包、皮带、丝巾扣、手表等都属实用性的饰品，项链、胸针、耳环、戒指、发夹、人造花等则属装饰性的饰品。这些服饰品在已完成的着装中都可以作为点因素考虑，它作为点的要素出现在服装上，是在追求与衣服的协调过程中着装效果的整体美。有的饰品则是为了与服装的某一部分相呼应，从而追求服装的形式美。如图这款服装上装点的彩色人造花就是为了改变原有服装的单调，来增加活跃感，协调服装的形式美感。大大小小的花朵就形成了服装上的大小点。此外，饰品还可以表现着装者的个性，作为点要素的饰品有不同风格之分，并带有不同的情感倾向。饰品的位置、色彩、材质不同，对点的印象和着装效果也不同。

总而言之，服装上作为点要素的饰品能起到突出服装美感、强化服装风格的作用。

**辅料**

钮扣、珠片、线迹等都属于辅料类的点的应用，这类以点的形式出现在服装上的辅料往往是实用性与装饰性兼具。例如钮扣，它是许多服装上必不可少的辅料之一，起到固定服装的同时，还作为构成服装的表现因素使用。在服装中钮扣虽然只占小小的一部分，但它对服装往往却有很大的影响力，钮扣的材料、形状、大小、数目、位置及质量好坏直接影响着装效果，有时甚至会改变着装效果。因此在设计中钮扣的选择和应用是很有讲究的。当服装上的钮扣更多强调一种装饰效果时，钮扣作为点要素的使用方法和拥有方式便显得尤为重要。如图将十多颗适中的钮扣按前胸和袖子的设计需要，钉在黑色针织服上，来表现服装的变化和动态，这些钮扣就成为此款服装上的视觉中心。

服装上以点的形式出现的辅料一般都体现了功能性与装饰性的结合。

## 工艺

刺绣、图案、花纹等属于工艺类点的要素。在针编织服装设计中，在某一处所作的具有点的效果的装饰就是单个图案。图案的表现方式不同，工艺手法各异，各种具象或抽象的图形都可以作为点形式的图案出现在服装上，经过手绘、刺绣、镶嵌、印染等不同的表现方法取得最佳的设计效果。服装上曾经出现过商标刺绣热，将商标的大写首字母或制造商特有的标记装饰在围巾、帽子、毛衫等上，来强调点的因素在服装上的作用。在针编织服装上最容易让人联想点的就是点状花纹或水珠花纹运用。水珠花纹是点的排列在服装上应用最普遍的例子，水珠花纹中点的大小与面料的比例、配色不同，装饰效果就不同。在服装上点的要素通过不同工艺手法的运用，它往往会成为一件服装的设计重点和设计特色，带给你不同的惊喜。

▲点状花纹

▲ 刺绣在服装上的黑色圆点醒目跳跃

▲ 针织镂空形成的水珠花纹

▲银色的装饰珠装饰在针织衣上形成的水珠花纹

▲ 具象的心形图案可视作点

不同的点运用在服装中会产生不同的造型风格，带给人不同的心理感受。有的点显得比较活泼，如服装上装饰用的各种小饰品、大量使用的钮扣；有的点显得醒目跳跃，如服装上使用对比色的图案、服饰品等；有的点则显得琐碎等等。

## (二) 线

### 1.线的概念

线是指一个点不断地任意移动时留下的轨迹，也是面与面的交界。在几何学中，线被认为只有位置、长度及方向变化，没有宽度和深度。但是造型设计中的线不仅有长度，还可以有宽度、面积和厚度，不过宽度要远远小于长度，长度和宽度的比量是决定线能否成立的关键，也就是当一个形态具有细长的视觉感时被视为线，造型设计中的线还会有不同的形状、色彩和质感，是立体的线。线的种类主要分为直线、曲线、曲折线、虚线四种。

### 直线

直线是两点间的最短距离，直线具有硬直、单纯、男性、刚毅的性格。在针编织服装设计中，直线不仅富有张力，而且还表现出运动的无限可能性。直线有垂直线、水平线和斜线之分，还有粗细之分。

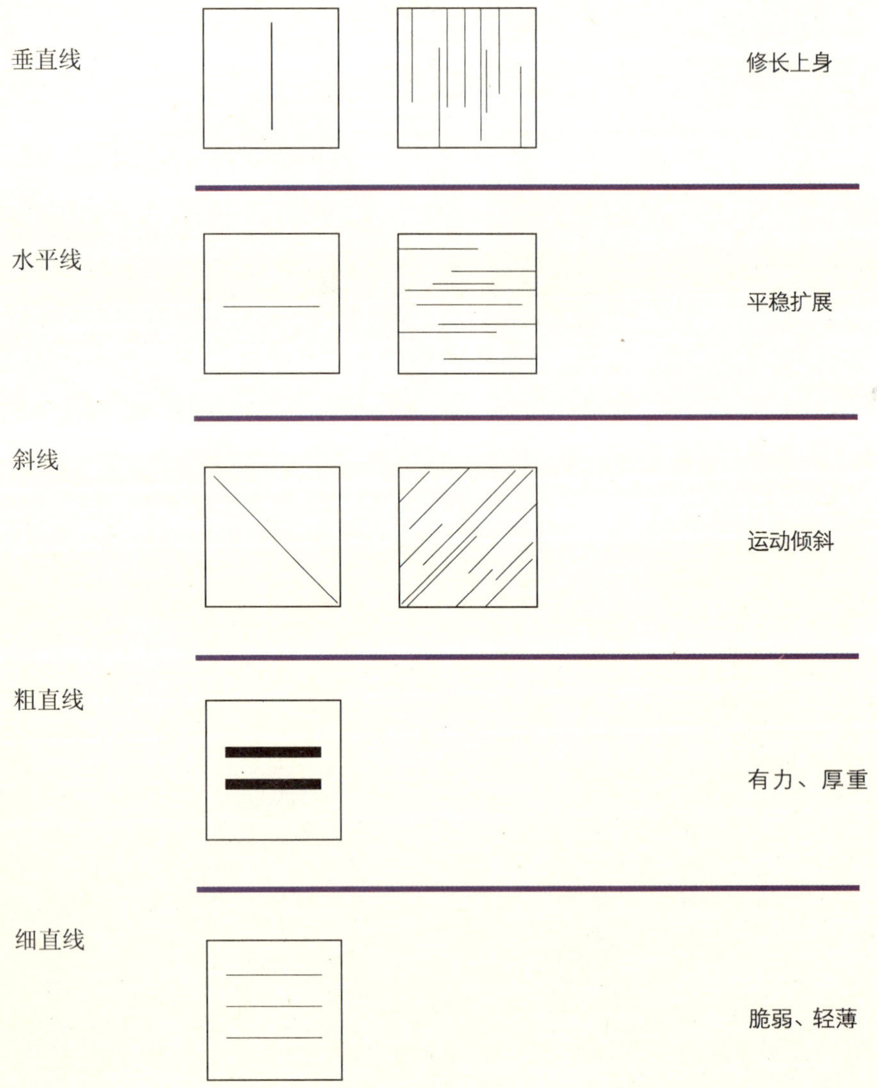

### 曲线

一个点作弯曲移动时形成的轨迹就是曲线。在针编织服装设计中，与直线型的设计相比，曲线具有圆润、婉转柔软、流动、优雅的性格。曲线一般多用在女装设计中，如休闲装及晚礼服设计。曲线有几何曲线和自由曲线。

几何曲线

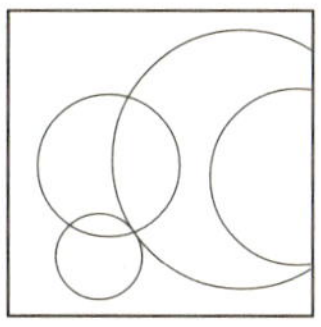

弹性、明快

自由曲线

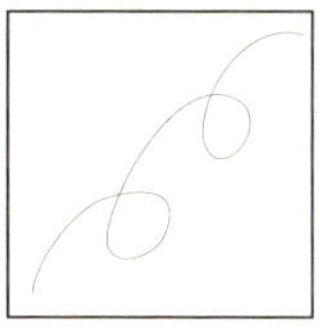

柔软、优美

### 曲折线

与直线型、曲线型的设计相比，曲折线代表中性，具有不安定的性格。在男装设计中较常见。

### 虚线

是由点或很短的线串联而成的长线，具有柔和、软弱、不明确的性格。虚线在服装中几乎不起结构线的作用，而是较多起到装饰线的作用，如用线迹做出不同形式的图案，在口袋边角、领口、摆边等处用粗面宽的线迹当作装饰等。如针编织休闲装上经常见到各种不同形式，或粗或细、或曲或直的虚线用作装饰线的例子。

**2. 线在针编织服装上的表现形式**

线本身虽没有感情，但造型艺术中线赋予了人的感情和联想，线条是人们表达想法所运用的最简单、最直接的形式。线也是构成形式美的不可缺少的一部分，线的组合可产生节奏，线的运用可产生丰富变化和视错感，可以通过分割强调比例，可以通过排列产生平衡。线的形式千姿百态，有着丰富的表现力，运用在服装设计中可取得不同的设计效果。因此线条的运用对于针编织服装设计师来说非常重要。如图，休闲的针编织服装中的条纹花样，对条纹的大小、方向、色彩的使用方法不同，图案就不同，其视觉效果也不一样。

在针编织服装上以线的重复、交叉、放射、扭转、渐变等构成形式，来表现服装造型风格。线在服装上主要通过造型线、工艺手法和服饰品、辅料等来表现。

▲彩色的粗横条相间，稳定和谐

◀V 形黑白横条相间，对比强烈

### 造型线

服装是由肩线、腰线、侧缝线等结构线和一些装饰线等造型线组合而成的。结构线是构成服装必不可少的线。没有结构线，服装就难以顺应人体曲面而达到塑造人体美的效果，如开刀线、省道线等是塑造服装立体型重要的线条。针编织服装由于其面料的特殊性，一般情况下其结构线与分割线较少见，多为出于形式美需要而运用的各种装饰线条。如镶边、嵌条、涡形线、波浪线或其他自由曲线等装饰线条的运用，都是为了进一步强调服装的美感。

▲ 白色镶边线条

▼ 错落有致的粗细相交的装饰线，赋予服装韵律和动感

### 工艺手法

在镶拼、手绘、嵌线、绣花、镶边、流苏等工艺手法以线的形式出现在服装上时，往往有其独特的工艺特点，它可以丰富服装的造型，增强服装的美感甚至会改变服装的风格，成为服装的设计特色。

▲ 服装上的彩色流苏，给服装增添了粗犷别样的感觉

**服饰品**

在服装上能体现线性感觉的服饰品主要有项链、手链、臂饰、挂饰、腰带、腰链、围巾、带子等。这些饰品通过色彩、材料和形状的不同变化，来取得不同的视觉效果，从而达到不同的设计目的。线性饰品可以通过对服装的装饰，打破呆板的服装款式。如图服装款式造型简洁，配以精致的项链或粗犷的皮腰带，从而使服装产生层次感。

▲ 休闲宽松的服装配以较宽的皮带，凸显粗犷豪放的服装造型风格

▲ 羊毛长裙配以人造琥珀长项链展现巴洛克风格

**辅料**

服装上表现线性感觉的辅料主要有拉链、绳带等。这类辅料在运动装、休闲装和前卫风格的服装中使用得比较多。绳带是针编织服装设计中使用最多的线感辅料，绳带的品种非常繁多，有尼龙绳带、布绳带、丝带等，色彩、材质、形状等装饰功能都较以前有了很大的突破，如图中黑色拉链、深咖啡色的绳带，在服装上形成丰富的层次感和趣味感。

线在服装上的运用也会使服装造型表现出不同的风格倾向。如舒展大气的造型线，简洁流畅的造型线，自然柔美的造型线。

## （三）面

### 1. 面的概念

面是线在宽度上的不断增加以及线的运动轨迹，是点和线的扩大。几何学里的面可以无限延伸，但却不可以描绘和制作出来。造型设计中的面可以有厚度、色彩和质感，是比“点”感觉大、比“线”感觉宽的形态，其形态具有多样性和可变性。它包括几何形的面和任意形的面。

几何形的面：是可用仪器画出，具有秩序性、机械性，有正方形、三角形和圆形等。

任意形的面：是任意形成或画出的，具有随意性、自然性，有偶然形、有机形和不规则形等。

几何形的面

有机形的面

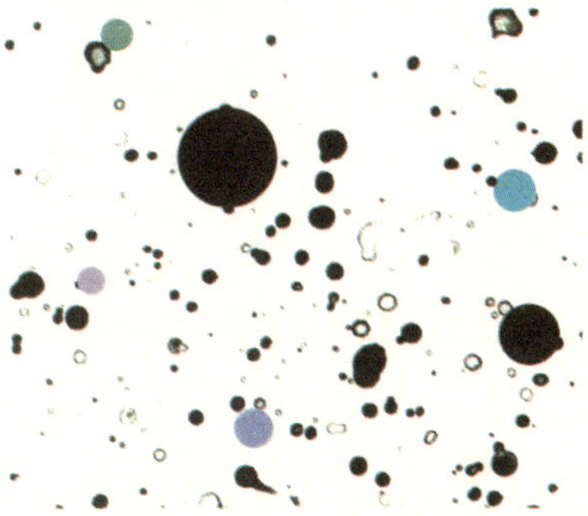

随意形的面

**2. 面在针编织服装上的表现形式**

面的造型构成是在服装立体形上利用平面的面料，以重复、渐变、扭转、折叠、连接等构成形式，使服装具有虚实量感和空间层次感。面在针编织服装设计中，起着衬托点、线的作用，它决定着服装色彩及明暗的总体格调。针编织服装上的面主要表现在以下几部分。

**裁片**

服装是衣服的各种裁片组合而成的，除了一些极少的点、线形式的裁片以外，大部分服装裁片都是一个面，服装是由这些面连接而成。如图黑白灰三色几何形裁片镶拼的合体针编织服装。

## 服装上的零部件

服装上实用性的零部件如口袋、领子等，装饰性的部件如披肩领、袒领或大贴袋等，作为服装局部面造型零部件是对服装整体面造型的补充和丰富。

▲ 独具特点的大披肩袒领的设计突出了服装肩部的表现

▼ 口袋的设计从整装来看可视作面

### 服装上的装饰图案

针编织服装上经常会使用大面积装饰图案，而且图案往往会成为一件服装的特色，形成视觉中心。装饰图案可以在很大程度上弥补面的单调感。如右图大面积使用几何形装饰图案的服装造型利落，结构简单，重点突出。

### 服饰品

服装上面感较强的服饰品主要是具有面性感的围巾、包袋、披肩等。在针编织服装设计中，可以合理而富有创造性地使用不同面积的服饰品。如下图披在肩上的大方披肩等。

### 工艺手法

用工艺手法在针编织服装上形成面的感觉是许多设计师常用的手法。一种是对针编织面料的二次设计，如在面料上用刺绣、抽褶等工艺手绣上珠片、抽绳带等；另一种是在针编织面料上兼有图案的一些特点，也就是通常概念中的“满花装饰”。运用多种工艺手法在服装上形成面能充分体现出服装的设计特色。

在四大造型要素中，面感的表现最为明显。面在服装中的造型风格也是非常多样化，面在服装上可以表现出层次感，如多层服装裁片的叠层缝合，也可以使服装表现出繁复感、旋律感和笨重感，还可以使服饰具有幅度感和张力感。

## （四）体

### 1. 体的概念

体是面的移动轨迹和面的重叠，是有一定广度和深度的三维空间，点、线、面是构成体的基本要素。造型设计中的体有色彩、有质感。

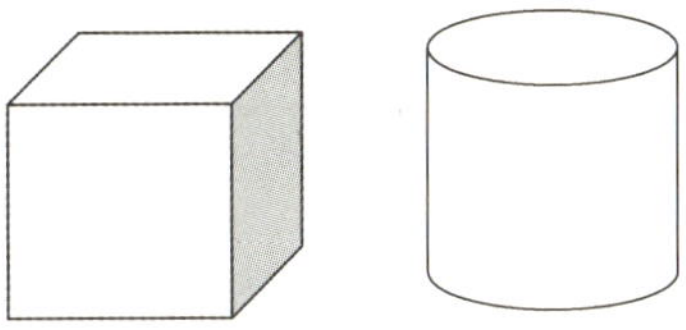

### 2. 体在针编织服装上的表现形式

体在针编织服装上的表现形式主要表现为明显凸出整体的较大零部件，或服装表面处理凹凸明显。体造型形式的服装显得有层次感、分量感，服装体感强。服装中的体造型通过服装表面处理、零部件、服饰品等来表现。

▲

面料的褶皱处理，增加了服装的体积感

#### 服装表面处理

服装表面处理包括面料皱褶处理、面料反复堆积及用绳带、抽褶反复系扎面料等。

◀

不同材料的堆积，绳带流苏的使用是繁复风格设计中体造型的表现

**零部件**

较大零部件的运用能使服装更具体积感。如图休闲服装上设计有类似宫廷式服装的灯笼袖，造型夸张，有较强体积感。

**服饰品**

服装上三维效果较突出的服饰品有包袋、帽子、手套等，这类体感明显的服饰品也是服装整体搭配中最常见、使用最多的。如图运动休闲装上较大的针编织背包。

体在针编织服装中的造型风格表现为造型比较夸张，笨重、厚实的风格。

点、线、面、体四大造型要素概念上的相对性、模糊性以及形式上的可变性在服装上也有非常明显的表现。如服装上的装饰物，服装上的线条、图案等等。单朵小巧精致的花是一个别致的装饰点，把无数朵花或有序或无序地在服装的衣片上进行排列，就会形成一个漂亮的面，再把更多的花在服装上进行层层叠加，就会形成一个造型饶有趣味的体。

白色宽线条即可看作是粗线条又可看作是面

单朵花可视作点，而由无数朵小花堆积则形成体

点、线、面、体是构成形态的基本要素，对点、线、面、体四大造型要素特征的探讨，可以更好地理解形式美的规律，掌握美的法则，从而避免公式化、程式化、理论化，进而激发我们的创造性思维，让我们在设计中有意识地利用这些特征，创造预想的视觉效果和服装造型，拓展设计思路。

## 三、边口造型

针编织面料由于具有脱散性、卷边性，使得针编织服装在衣边的处理上，通常要采用一些有别于梭织面料的边口设计手法，因此在服装的领边、袖边、裤口边、下摆边口等处应特别加以关注。另一方面可利用织物弹性差异，设计出各种边口造型。不同的面料、针法和工艺以及不同的服装造型对边口所用的材料、工艺也有不同的要求。边口造型已成为针编织服装特有的装饰性的一种造型风格。

### 1. 罗纹饰边

即在领口、袖口、裤口、下摆、门襟等处缝制罗纹，它特有的伸缩性完全能适应人体头、手、腰、臀等部位大小的变化，而无须开襟、开衩、敞口。如罗纹袖、领及下摆的套头运动衫，中、高领毛衣等。

### 2. 滚边、加边

在制作各类内衣时，常在服装的腰头、边缘、开口部位采用罗纹或与大身相同的面料做滚边、加边处理。既能防止面料衣片边缘的皱缩，又起到很好的装饰作用。如男式加边背心、男式旁开口内裤、女式内衣、女式针编织时装等。

### 3. 缝迹处理

采用弹性好、防脱散并有装饰作用的缝迹进行处理，也可以得到既实用又美观的效果。如性感漂亮的女式内衣，休闲针编织服装等。

### 4. 卷边利用

在羊毛织物上可利用针编织物的卷边性，使边口外翻而形成有立体感的圆柱形边口，但要对边口进行防脱散处理，羊毛衫可用收口的方法，薄型针织物可用防脱散线迹卷边。如休闲舒适的针编织服装等。

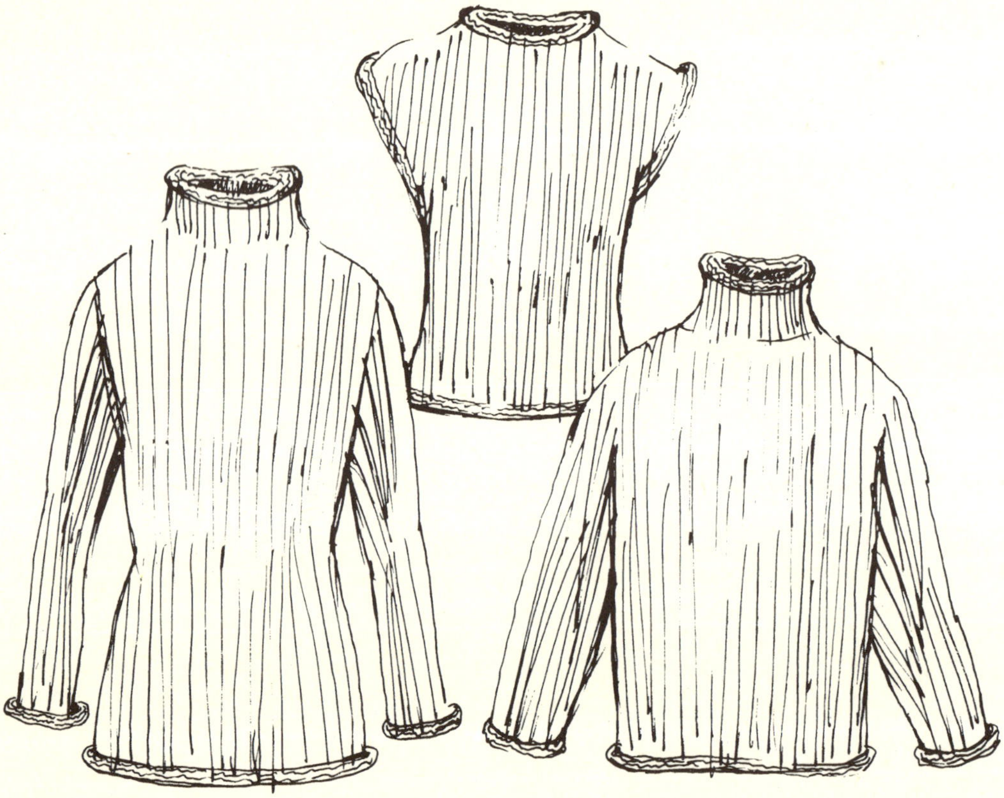

## 四、镶拼

镶拼是针编织服装设计的一大特色，由于针编织面料的性能特点而造成针编织服装结构造型上的单调性，采用镶拼的手法可以加强服装的实用性和审美性。针编织服装的镶拼分为同质镶拼和异质镶拼。

### 1. 同质镶拼

针编织服装的同质镶拼是指相同性能面料的镶拼。

### 2. 异质镶拼

异质镶拼是利用针编织面料不同性质、不同外观而进行的组合设计，使服装融实用、装饰于一体，从而产生视觉上的愉悦，这也是针编织服装设计中常用的手法。

例如针编织和梭织面料或皮草等材料镶拼，材质上的强烈对比也会带来各种装饰效果。

裘皮与毛线针编织镶拼的服装

色彩不同而质料相同的镶拼

## 五、 图案装饰

装饰图案是针编织服装设计中常用的一种手法。梭织服装的设计往往会受面料本身图案的影响，而针编织服装在图案的表现形式上则有较大的自由。多姿多彩的图案构成了针编织服装一道最美的风景线。这些图案造型形象可以分为具象图案和抽象图案。

### 1. 具象图案

具象图案是指摹拟客观物象的图案，是一种很容易让大众接受的图案，也是设计师形象地把握现实生活、直观地表达设计意图的一种便利形式。其主要表现形式有花卉图案、动物图案、风景图案、人物图案、人造器物图案等。

### 花卉图案

在针编织服装中，花卉图案取材于自然界的花草树木，是图案纹样造型中运用最为广泛的题材之一。针编织服饰图案中的花卉形象，其最大特点在于灵活性强和适应性广，因此在女装中，花卉图案的应用尤其普遍，几乎成了女装的特征符号语言。由于花卉形象的装饰特点，如今在针编织童装、男装设计中也常常被应用。

▲

▼

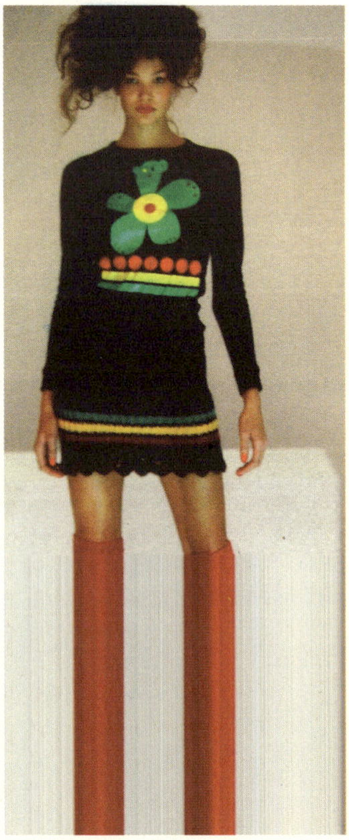

### 动物图案

在针编织服装中，动物图案取材于飞鸟鱼虫，其应用虽属常见，但不如花卉图案那样广泛，这是由于动物图案纹样较花卉图案纹样有其自身的特点，一般多用于童装和休闲装上。童装图案绝大多数使用夸张、拟人的手法，以适应儿童心理特点和需要。而休闲类服装则大多以写实或概括的形象出现。

▲ 动物图案

**风景图案**

在针编织服装中，风景图案通常取材于大自然中的山、水、树、石、云以及一些建筑等。一般出现在休闲装、便装和一些展示性服装上。

▶

风景图案

**人物图案**

人物图案在针编织服装中经常见到，基本可分为两大类：一类是以各种变形夸张手法塑造的人物形象；一类是以照片形式出现的、明星肖像和绘画人物等。服饰图案中人物造型的手法十分多样，简化、夸张、提炼、添加、强调、组合、分解、重构、变异等。所以人物图案在针编织服饰中具有强烈的装饰性和趣味性。一般在休闲装、童装、前卫服装中较常见。

◀

人物图案

### 人造器物图案

人造器物图案在具象形服装图案中主要包括交通工具、日常用具、专业器具等，具有明确的针对性和强烈的装饰性。因此，以人造器物为素材的服装图案大多装饰在休闲装和户外活动的服装上。

人造器物图案

### 2. 抽象图案

抽象图案是相对于具象图案而言的，其特点是不直接摹拟客观事物的形态，而以点、线、面、形、肌理、色彩等元素按照形式美的一般法则组成图案。抽象图案在针编织服装中应用甚广，可以说在各种能够装饰图案的服装中都能见到，而且表现形式非常丰富，有几何形图案、随意形图案、幻变图案、文字图案、肌理图案及无序综合图案等。

#### 几何形图案

运用点、线、面的平面造型原理设计的几何形图案，在针编织类服装中运用尤为普遍，而且时常伴有“半几何图案”，即以几何手法塑造的人物、动物、花卉等图案形象。其线条的相间和块面分割是针编织服装最常用的设计方法之一。

#### 随意形图案

随意形服饰图案是一种非常自由的抽象类图案。其特点是即兴勾勒的线条，任意的块面涂抹。它常常以随意的分割、歪歪扭扭的形状，凸显着轻松、随意、怪异、洒脱、放任的意味。随意形图案的装饰对象比较有限，一般多装饰于青年人的便装、休闲装上。

▲ 几何形图案

随意形图案▶

### 幻变图案

幻变图案是指为在服装上取得某种视错或视幻效果而采用的一种抽象图案形式。这类图案形象的塑造主要根据平面构成中渐变、发射、重复、分割等原理，使服装给人以错位、闪烁、流动的视觉感受。一般多装饰于个性张扬，前卫的服装。

### 文字图案

文字图案在针编织服装上的使用是相当普遍的，大至是运动衣、休闲装、表演服，小至鞋帽、围巾、背包、首饰乃至钮扣，都能见到文字装饰。与其他图案形象相比，文字图案更容易传递某种信息和表达意义。因此在服饰中占有重要地位的文字图案的运用，成为当今针编织服装设计的一大特点。

文字图案

幻变图案

### 肌理图案

肌理图案是指通过对针编织面料的二次设计，创造出一种新的富有视感、触觉感的装饰形式。由于肌理图案的表现形式十分丰富，所以其适应对象非常广泛，各种针编织服装都普遍运用。

### 无序综合图案

无序综合图案严格地说，它既不属于抽象图案，也不属于具象图案，而是一种综合的形式。其突出的特点是图案形象复杂多样，无所不有，并往往以无主次、无倾向、无中心、无秩序的形式出现，远看五彩缤纷，什么都看不清，近看什么都有，如汽车、建筑、人物、文字、几何形、随意的线条、古典的花纹等等。在现代针编织服装中常用手绘等来表现这种无序综合图案。

无序综合图案

肌理图案

## 六、 织纹、花样

针编织服装中的织纹、花样主要是指编织花纹、手绘花纹和刺绣花纹等。由于针编织物的单元结构是线圈，而线圈的变化组合方式是多变的，所以针编织物的织法变化丰富多彩，不同的织法使得针编织物具有不同的纹路和肌理，形成情趣各异的图案花样。新原料、新工艺的开发，电脑的运用，为针编织服装设计提供了有效、便捷的途径。不同织法和花样可以使服装具有截然不同的风格，比如款式完全相同的针编织服装，如果用机织单面平针，就会给人以典雅精致的感觉；但是如果用手工编结出双面凹凸花纹，再经过花纹疏密、大小的穿插变化，则会给人以或严谨、或活泼、或粗犷等风格迥异的感觉。如图不同的针法经过多种搭配组合和变化，可以加强针编织服装的时装化，赋予服装丰富的艺术效果。织纹、花样的设计是针编织服装设计的一个重要方面。

◀ 编织花纹

▲
刺绣花纹

◀ 手绘花纹

## 七、配饰

配饰是为了迎合整体服装搭配的需要而设计的，是服装的附属品。所以要与服装设计中的材料、颜色、目的、流行以及穿着者发型等一起考虑。有效利用服饰配件可以点缀服装或改变服装式样，起到增加整体美感的作用。狭义上说，服饰配件指的是耳饰、项链、胸针等以装饰性为主、添加性因素较强的饰品；广义上说，除了首饰之外，帽子、手提包、袜子、腰带、领带、围巾、手帕、扣子等，实用成分较多的、身上带的全部附属品均属其范畴。在针编织服装上巧妙地配以各种饰品，如在衣领、袖口、下摆等处点缀丝带，在服装上装点亮片和佩戴胸花，可以改变整体单调、呆板的感觉，使服装在立体中增添活力。

## 八、时装造型

服装发展至今，已不单单是为装饰或者实用的需要，而是体现了一种生活方式。时代的日新月异，针编织服装设计已成为一种极富感染力的时尚设计，针编织服装设计不再局限于针编织服装设计师，越来越多的时装设计师涉足此领域，不断创造新的造型，使针编织服装更具魅力。

# 第二节　针编织服装的色彩设计

设计，可以称为是用色彩、样式、材料等设计效果的工作。从服装设计来讲，是把各种各样的样式和色彩表现作为综合的条件，实现美的协调感，从而达到设计目的。在设计过程中，色彩是首先要考虑的因素。色彩常常是一项设计受到关注的首要原因，它影响到人们怎样看你的服装或服装系列。因此，色彩通常是设计过程的开始。

## 一、色彩基础

### 1. 色的三要素

五彩缤纷的颜色，可分为无彩色和有彩色。无彩色指的是白、灰、黑等不带有色彩的颜色；有彩色指的是红、黄、绿、青等带有色彩的颜色。物体的颜色由色相、明度、彩度三种基本属性组成，称为色的三种属性。这三种属性是色彩最基本的构成要素，其中有彩色将这三种属性都包括在内。

#### 色相

将红、黄、绿等颜色配合，系统地区分开就是色相，简而言之，就是色彩的相貌。如果将色相按光谱顺序排列，然后再加红紫色系统后循环移动则回到红色。将这些颜色按感觉等差环状排列的就是色相环。

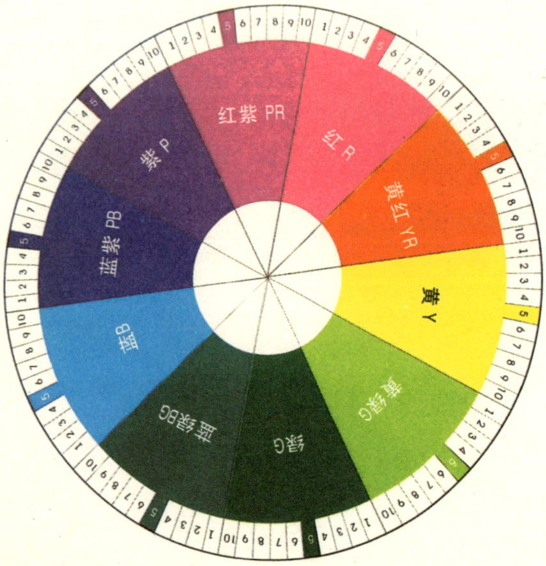


色的三要素

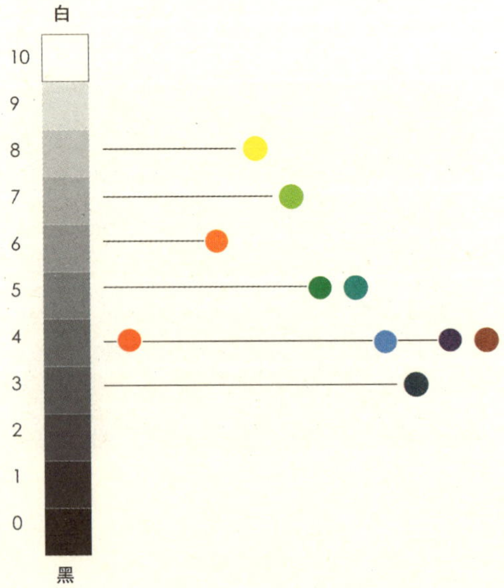


色相

**明度**

颜色具有的明亮程度叫明度。无彩色和有彩色都有明度。无彩色系中白色最为明亮，即明度最高，黑色最暗，灰色最重。任何一种色相，都有明、暗、强、弱的不同层次。有彩色也具有各种明度，任何一种纯度色相都有自己的明度特征，同一色相中的艳红和暗红有明度差异，不同色相中也有明度相同的。黄色明度较高，红色、绿色为中性明度，蓝色、紫色明度较低。

**纯度**

有彩色中，在同一色相、明度的情况下，也有鲜亮的颜色和灰暗的颜色的差别。色彩的鲜艳程度叫纯度。纯度又称彩度、饱和度。有彩色与其相同明度的灰色之间，按照感觉上的色调等差排列出来的系列叫纯度梯度。同一色相中，彩度最高的颜色叫纯色。

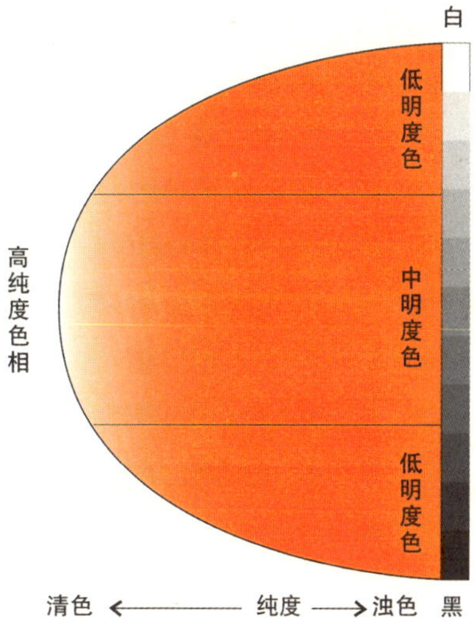


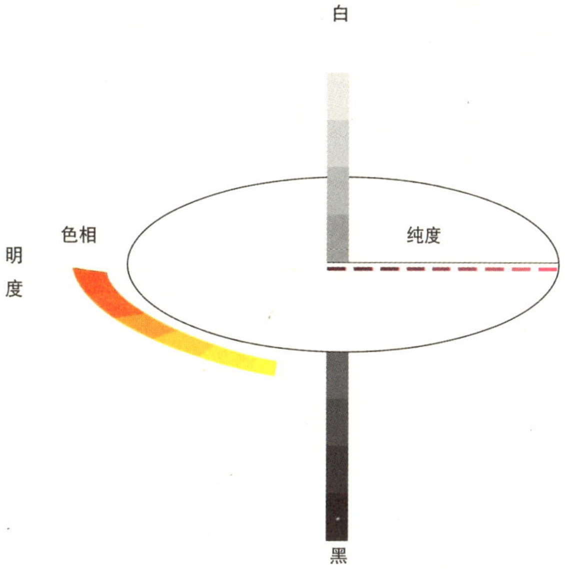


**2. 色彩的情感**

色彩往往首先进入人们的视觉系统，人们不但会感知颜色，同时由于色彩常以不同形式和不同程度来影响着人们的情感，因此人们对颜色怀有各种各样的心理感觉。由色彩联想到的既有海、水等具体的事物；也有理想、崇高等抽象的观念。个人对色彩的联想受到年龄、性别、民族、时代性或性格、教养、生活环境等影响。如在非洲，传统上认为黑色、蓝色与死亡、恶魔联系在一起，所以服装上使用鲜艳的色彩。而在欧洲一些国家，黑色、蓝色十分受欢迎，希腊就把蓝紫色用于国王的服饰。感情是个人主观上产生的东西，所以个体间差异较大，但也有一些让人们从某种颜色产生相同感情的情况，这种客观性的感情成为考虑服装颜色的要素。我们把色彩带来的感情融入针编织服装设计中，创造出各种美好的形象。

### 色彩的联想和运用

| 色彩 | 具象联想 | 抽象联想 | 应用 |
|---|---|---|---|
| 红色 | 太阳、火光和鲜血 | 热情 | 运动服、童装 |
| 橙色 | 桔子、果汁 | 可爱、甜美、华美 | 华贵的服装 |
| 黄色 | 向日葵、香蕉、阳光 | 明快、活泼明朗 | 童装、女装 |
| 绿色 | 山、草、常青树、生命 | 新鲜、青春、希望 | 轻松自然的服装 |
| 蓝色 | 海洋、天空 | 平静、冷淡、永恒 | 沉静稳重的服装 |
| 紫色 | 葡萄、紫藤 | 神秘、高贵、古朴 | 华丽优美神秘的服装 |
| 白色 | 雪、白纸 | 和平、纯洁、神圣 | 天真无邪、凉爽的服装 |
| 黑色 | 碳、夜、墨 | 死亡、悲哀、严肃 | 庄重神秘的服装 |
| 灰色 | 鼠、灰尘 | 忧郁、沉着 | 恬静素雅的服装 |

### 色彩与心理感觉

| 色彩 | 心理感觉 |
|---|---|
| 红、橙、黄色 | 暖 |
| 蓝绿、蓝紫色 | 冷 |
| 白、浅灰、浅蓝、浅绿、浅紫 | 轻 |
| 黑、深灰、深红、墨绿 | 重 |
| 浅亮色、平滑色、透明色、原色 | 薄 |
| 深暗色、粗糙色、不透明色、复色 | 厚 |
| 深蓝、黄绿、绿色 | 湿 |
| 红、橙、灰色 | 干 |
| 白、红、黄色 | 动 |
| 黑、绿、灰色 | 静 |
| 白、黄、红、橙色 | 扩张 |
| 黑、深灰、深蓝、墨绿 | 收缩 |
| 高明度、高纯度色 | 华丽 |
| 低明度、低纯度色 | 朴素 |

## 二、配色

配色，是将两种以上的色彩并置在一起，使之产生新的视觉效果。服装配色是设计的产物，因此理解配色的基础理论，是设计师也是着装者思考的重要内容之一。色相不同会产生不同的感情，色调不同产生的气氛也会不同。配色方法有：色彩的对比配色和色彩的调和配色。

### （一）色彩对比配色

#### 1.色相对比配色

色相的对比，就是色彩间存在的矛盾值，各种色彩在构图中的面积、形状、位置以及色相、纯度、明度和心理刺激的差别构成了色彩之间的对比。色相对比的强弱可以用在色相环上的距离来表示。服饰色彩配合，都带有一定的对比关系，针编织服装的魅力在于对色彩对比因素的技巧应用。

#### 同一色相对比配色

由于是同一色相，在彩度和明度上求变化的配色，通过色彩深浅的搭配，并不存在色相对比。由单色画法取名的配色属于这种范围。它有一种统一、静止而稳定的传统感觉，而且是一种并不感到操作困难的配色，但同时也带有某种单调感。

同一色相对比配色

### 类似色相对比配色

色彩类似的色相的组合，色彩对比非常微弱，给人以温和而协调统一的印象。由于邻近的色相易取得统一，所以协调方便。如红与橙、橙与黄、黄与绿、绿与青、青与紫、紫与红等。

◀ 类似色相对比配色

▼ 对比色相对比配色

### 对比色相对比配色

对比色相配色是在色相环上间隔120度左右的三色对比，如品红/黄/青、红/黄绿/青、橙/绿/青紫等。对比、动感、花哨的配色，给人一种有个性、年轻活跃的印象。性质不同的颜色之间配色容易导致不协调，所以在面积、明度、纯度上保持平衡，则容易取得协调。

### 互补色相对比配色

互补色相对比是色相环上距离180度左右的色相对比，是最强的色相对比配色，如红与青绿、黄与青紫、绿与红紫等，互补色相对比配色，易使人兴奋、激动。

**2. 明度对比配色**

明度对比是色彩明暗程度的对比，也称色彩的黑白度对比。明度对比可分为低明度对比、中明度对比和强明度对比。

**低明度对比配色**

具有含蓄、模糊和沉重的特点。

**中明度对比配色**

具有柔和、丰富的特点。

**强明度对比配色**

具有强烈、刺激的特点。

强明度对比

低明度对比

中明度对比

**3. 纯度对比配色**

纯度对比是指较鲜艳色与含有各种比例的黑、白、灰的色彩之间的对比。可分为低纯度对比、中纯度对比和强纯度对比。

**低纯度对比配色**

纯度比较接近的对比，如红与浅红、浅绿与浅蓝、黄与浅黄。

**中纯度对比配色**

纯色与含灰色的对比，含灰色与黑白、灰对比，色感柔和。

低纯度对比

中纯度对比

**纯度对比配色**

纯度差很大的对比，如高纯度色与无彩色系的对比。

强纯度对比

### 4. 面积对比配色

色彩面积对比是指各种色彩在构图中所占份量的对比。同样的配色，不同的面积也会带来不同的感受。同一种色彩由小面积变成大面积，或者从大面积变成小面积的效果不同。

### 5. 冷暖对比配色

色彩的冷暖主要是人们对色彩的一种心理反应。如：红、黄、橙等色往往使人联想起阳光、火光，从而与暖热的感觉联系起来，青、蓝等色会使人联想起碧空、大海，给人以寒冷的感觉。

▲ 暖色调对比

▼ 冷色调对比

## （二）色彩调和配色

颜色还有将明度和彩度同时包括在内的色调这一概念，这是将明亮度和鲜艳度相同的颜色归为一类分组的。色调因为将明度和纯度相互作用同时考虑在内，决定配色时，用起来非常合理、方便。色彩调和是配色美的一种形态，一般认为能使人产生愉快、舒适的、好看的配色是调和的，色彩调和是配色美的一种手段。

**同色相调和配色**

由于同样的色调组合易于取得统一，彩度越低越容易协调，纯度高时不一定能协调，不同的色调配色效果给人的印象是不同的。例如：活泼的色调组合给人异化和刺激的感觉；轻快的色调给人斯文、纤细、心情舒畅的印象。

**类似色相调和配色**

色调相似的组合配色感觉上相似，不会产生不和感，但也有缺乏情趣的时候。暗淡色调和轻快色调的配色被称为是感染色调，给人以浪漫的明亮感。黑色调和深沉的色调，给人以沉着、强有力的感觉。

同色相调和配色

**对比色相调和配色**

性质不同的色调能搭配成套的配色。所以给人以任意且有变化的动感和刺激的印象。对比色相调和，因为色相差大，必须增加纯度与明度的共性，以色调的一致性来促进调和。

**补色色相调和配色**

补色色相配色相差最大，调和的方法一般与对比色相调和配色方法相同。

对比色相调和配色

补色色相调和配色

### 无彩色系的调和配色

无彩色系是指白色、黑色和由白色、黑色调合形成的各种深浅不同的灰色。无彩色按照一定的变化规律，可以排成一个系列，由白色渐变到浅灰、中灰、深灰到黑色，色彩学上称此为黑白系列。无彩色的配色，不受色彩的色相与纯度影响，而是随明度不同产生变化，所以容易形成协调的配色。明度差异大时，给人明快、现代的感觉；明度差异小时，给人一种温和、沉着的感觉。与低明度的色彩相配时，不同的明度容易协调。

### 无彩色与有彩色的调和配色

有彩色和无彩色在配色上有产生较好效果的条件，是因为有彩色具有的单独表情，由于无彩色的对比而被强调，一般不会产生模糊不清的效果。有彩色在无彩色的衬托下可以表现得更加突出。但在配色中要注意，当有彩色和无彩色有同等明度时，效果会变差，特别是饱和度弱的颜色和同等明度的无彩色配合，会产生模糊现象。

无彩色系的调和配色

无彩色与有彩色的调和配色

## （三）针织服装配色效果举例

**淡色配色**

充满罗曼蒂克气息的淡色调适合女性穿着。

**深色配色**

属于欧洲古典深色调产生紧凑感。

**明亮对比的配色**

强烈的对比色配色凸现热情奔放的个性。

**灰色配色**

含蓄高雅的灰色调表现出宁静稳重的气质。

## 三、编织线的色号

现今的色卡，以四位数字表示，第一位统一以英文字母作为原料代号，第二位数字代表颜色，第三第四位数字表示颜色深浅，数字越大，颜色越深。

| 第一位： | | 第二位： | |
|---|---|---|---|
| | N－羊毛 | | 0－白色谱 |
| | K－腈纶 | | 1－黄和橙色谱 |
| | R－羊绒 | | 2－红色谱 |
| | C－驼毛 | | 3－蓝和青色谱 |
| | L－羊仔毛 | | 4－绿色谱 |
| | M－牦牛绒 | | 5－棕色谱 |
| | S－雪特莱毛 | | 6－灰色和黑色谱 |
| | AL－兔毛 | | 9－夹花类 |
| | WB－毛腈混纺 | | |

例如：N506,N表示为羊毛，5表示棕色，06表示中等色。

### 编织线的色彩

编织品的特征是使用一股线编织成的，因此线的颜色往往决定了成品的颜色。如果线的色彩发生变化，服装也会随即发生变化。编织线的色彩一般有：

单一染色：通常整卷线的颜色都是相同的，织出的成品颜色即是线的颜色。

分段染色：如果在一根线上分段染色，编织好的衣服上出现的颜色就按染色次序呈现。

纱线混色；当把两根或两根以上不同颜色的编织线混成一股线编织时，由于线和线相绞时的不确定性，它们在织物表面凸显的程度也不同，因此产生杂色效果。

## 四、 针编织服装的图案配色

针编织服装常设计有大量的图案，而色彩是服装图案形象的重要组成部分，也是影响服饰整体色调的活跃因素。因此服装图案的配色就必须以服装的色彩为基调，再加以配色。针编织服装的配色与服装的整体色彩关系大体可以分为融合、烘托、彰显三种。

### 1. 融合

融合指服装图案配色与服装保持统一以至同一的关系。在很大程度上意味着服饰图案的色彩就是服装的色彩，或者说服装的色彩就是服装图案的色彩。如“满花装饰”或“通体装饰”。

**2. 烘托**

烘托指在服装上相对由面料所决定的服装色彩基调，无论与之保持调和的还是对比的关系，服装图案本身的色彩都处于从属地位，起陪衬、烘托的作用。如局部装饰、边缘装饰图案的色彩处理等。

**3. 彰显**

彰显指服装图案通过强调对比关系的色彩处理，从服装面料的色彩基调上跳跃、凸显出来。服装图案配色往往具有相对独立性，而服装则起着载体的作用。如具有象征意义和特殊功能的服装，以其耀眼的视觉形式给人以“图案第一、服装第二”的感觉。

对针编织服饰图案的配色，要弄清其与服装间的色彩关系，从而进行针对性的图案配色。

彰显 ▶

烘托 ▼

## 五、针编织服装的整装配色

在针编织服装设计中，色彩产生的视觉效果比其他元素强得多。整套服装传递的信息能让色彩给彻底改变。针编织服装的整装配色，包括服装、饰品等综合配色，除了色彩的基本原理外，整体的配色还和人的色彩心理、地区差异、个性特点等因素有关。

# 第四章　针编织服装的设计表达

设计表达是指用任何方式将设计意图表达出来，设计表达一般分为平面和立体两种方式。而服装画是设计及设计方案较容易表现和传达的一种方式。例如，通过时装画、草图、设计图等方法的表现，就能把自己的思想传递给第三者，这样的表现形式在设计中意义非常重要。无论你有多么美好的想法，如果没有好的表现手段也只能是空中楼阁。在创作的过程中，时装画的练习就显得格外重要。

针编织既是一种工艺，又是一门艺术，把绘画技能和编织技能结合起来，将有助于开发形象思维能力，来应付难以预料的当今针编织服装市场的各种变化。在时装画中，针编织服装代表了一种内部图案较复杂的绘画技法，如针编织服装的绘画和细部的表现，针编织服装中固有的、浮雕般的表面立体效果的表现等。通过学习针编织服装的绘画技巧，会使我们表现即使是最特别的针编织图案的能力和信心得到提高。本章主要介绍针编织罗纹、绞花图案和其他复杂的花式针迹的绘画步骤和方法，以及对装饰设计和镶边的表现手法。

# 第一节　针编织罗纹组织的画法

最简单的一种绘画技法，使所画的针编织服装看上去与梭织服装有所差别。罗纹是针编织织物和无针迹织物之间的差别，罗纹或罗纹镶边是用于说明在实际编织中区别于梭织所形成的一排排针迹外观效果的术语。

**罗纹组织的画法**

1+1罗纹

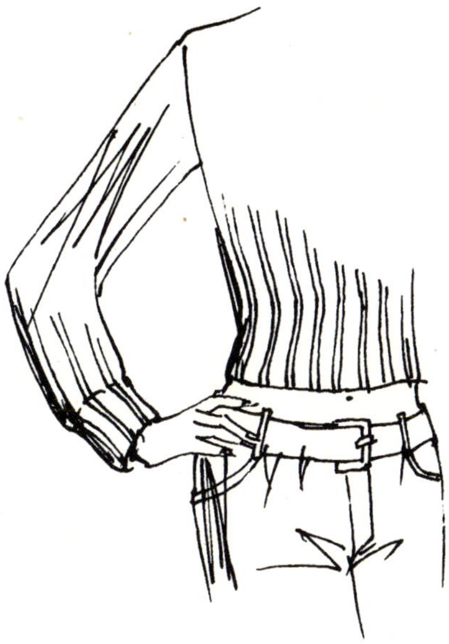

2+2罗纹

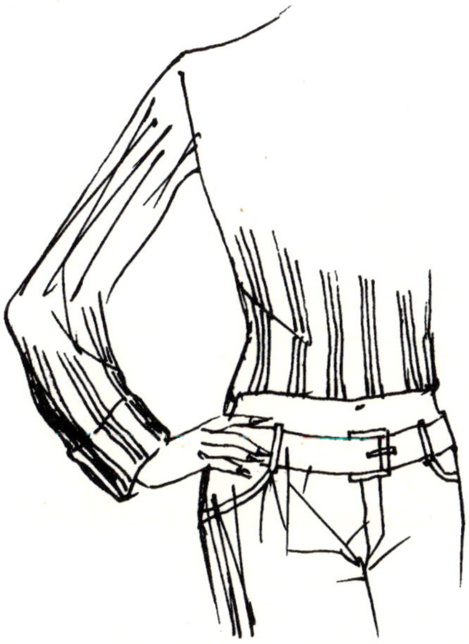

1+1罗纹

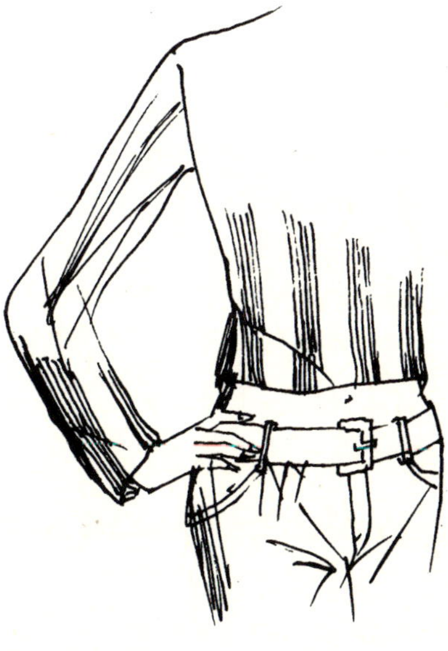

2+2罗纹

**罗纹领的画法**

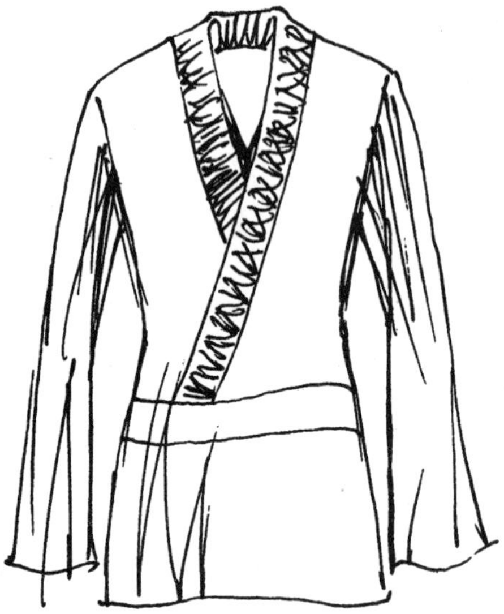

V 字领

袒领

荡领

高领

**罗纹加组合的画法**

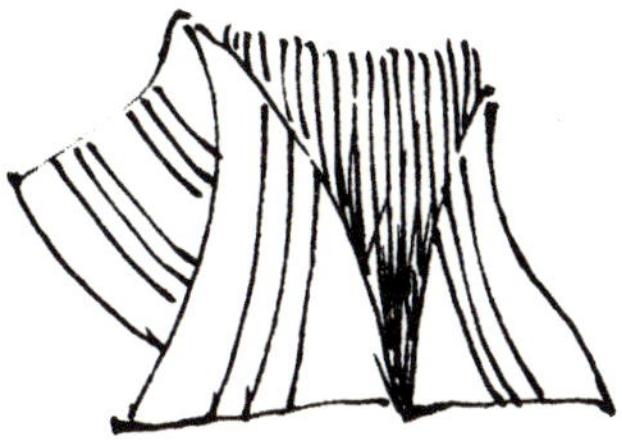

3+3罗纹与1+1罗纹的组合

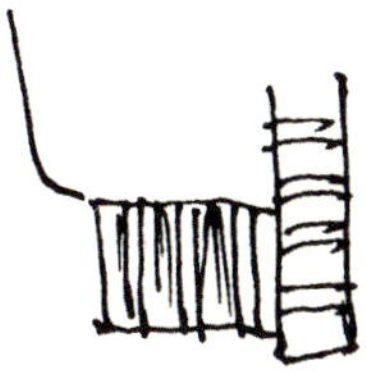

2+2罗纹底边与门襟的连接

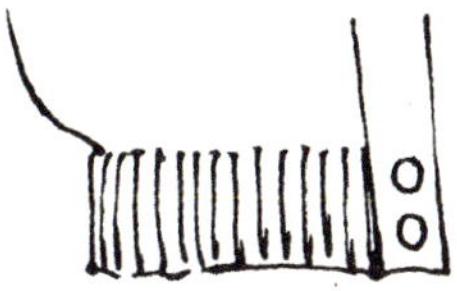

1+1罗纹底边与门襟的连接

3+3罗纹与拉链的组合

1+1罗纹与拉链的组合

2+2罗纹与腰带的组合

# 第二节　针编织图案花样的画法

与通常的画法一样，运用服装结构线来帮助你画重复的纹样图案。针编织服装表面立体图案（绞花纹样）和重复的图案（提花）的表现，是用分段式的方法来画的。这种分段式的方法是一个把纹样图案分成最简单形式的布局过程。例如，绞花纹样（与其他的质地结合）的分段式画法，是把它分成几个部分：提花纹样（重复图案）的分段式画法，是运用格子画法。这些方法是可以互换的。它既可用于平面，也可用于人体动态姿势。可用这些方法来画你所想画的针编织时装中任何大小或任何形状的图案。

**绞花织纹纹样画法**

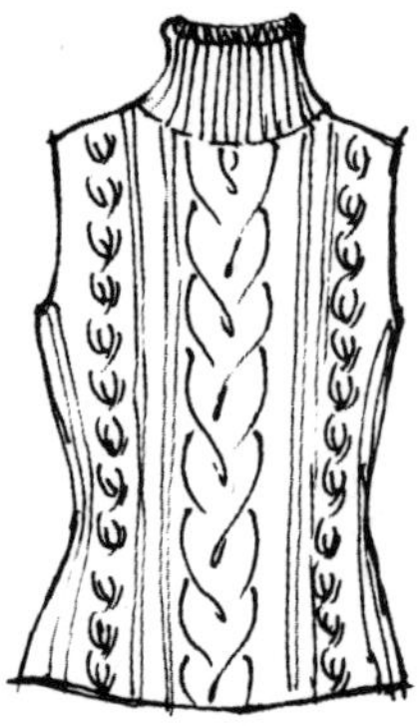

链条式

绳索式

穗带式

穗带式

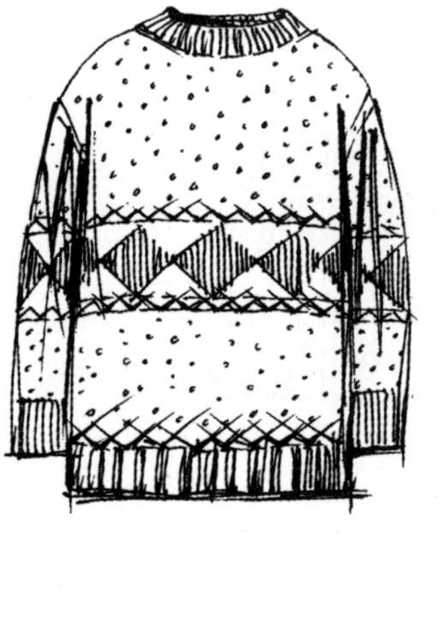

运用罗纹的画法

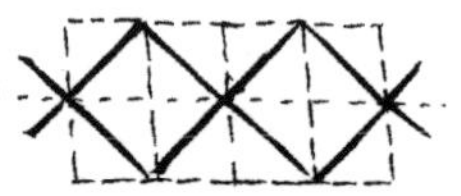

运用线条的画法

运用色调的画法

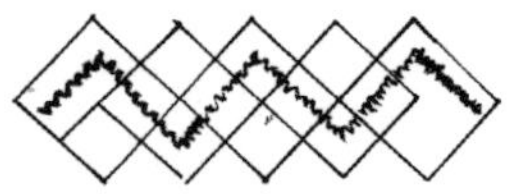

格子纹上的 V 形
针迹的画法

# 第三节　针编织装饰设计和镶边的画法

装饰设计的部位一般在针编织服装的内部或外形的延伸处。它们属于要学习的复杂表面风格绘画的一部分。图例展示了常用的一些装饰设计，这些装饰设计都应表现出人体的外形轮廓线。因此在时装画中，要有方向感、合体性和垂褶等细部设计。

**饰带和流苏的画法**

流苏

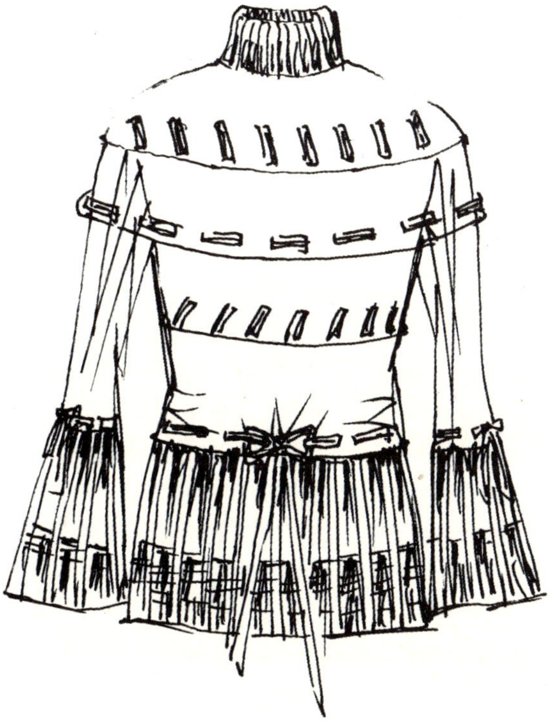

饰带

**附加的纱线或缎带的画法**

缎带

纱线

## 刺绣、钩编的画法

刺绣

钩编

**各种饰边的画法**

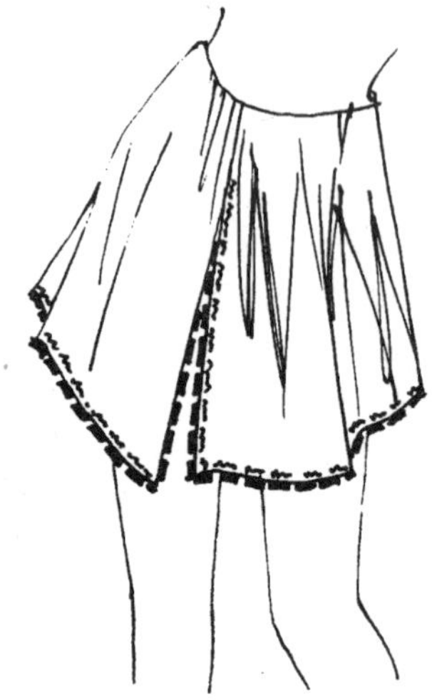

图案钩编饰边

扇形钩编饰边

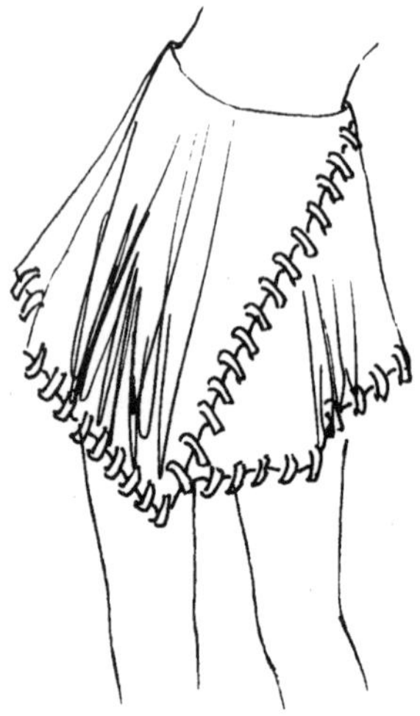

顺编线迹刺绣饰边

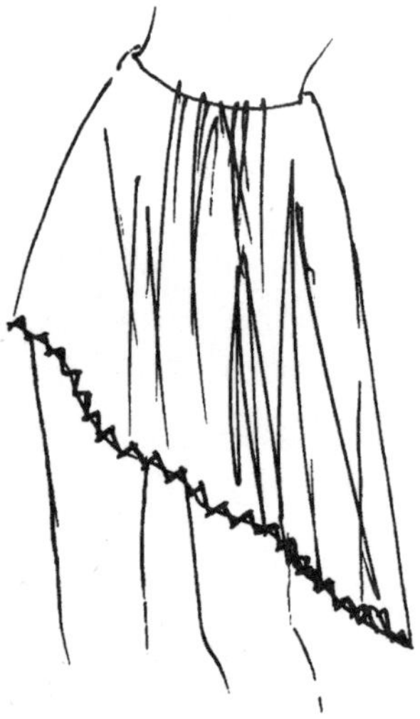

锁边线迹饰边

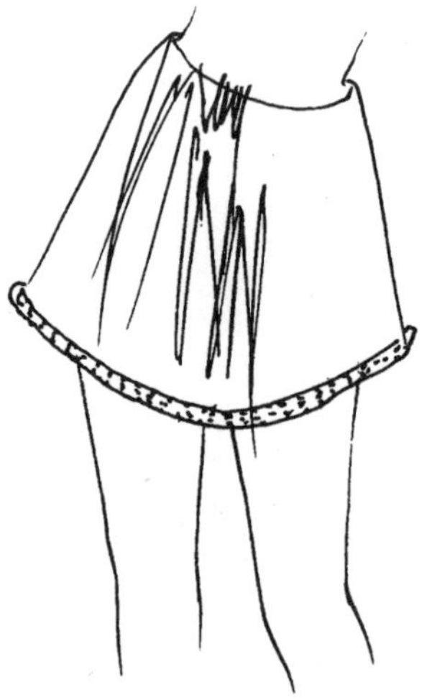

不收口翻卷边饰边

罗纹饰边

# 第四节　针编织服装的效果图表现图例

手绘表现效果图
作者 丁希凡

电脑绘制效果图
作者 何平
指导教师 丁希凡

电脑绘制效果图
作者 何平
指导教师 丁希凡

面料拼贴表现图例（摘自International Textiles）

手绘表现效果图（摘自International Textiles）

电脑绘制效果图（摘自International Textiles)

# 第五章　针编织用具及服装材料质地

# 第一节　针编织工具和机械设备

## 一、手工编织所需工具

**棒针：**是用竹子、塑料、金属等材料制成的头上有尖的针。棒针有两种：一种是一头尖、一头有小圆球的针，每2根一组，用于平片编织；另一种是两头尖的针，4根或5根一组，用于圆筒编织（轮编）和针数少的平片编织。棒针的粗细用号数表示，有0号（直径2.1mm）到15号（直径6.6mm），还有更粗的粗针，直径用mm表示，有8mm、10mm、12mm、15mm、20mm。

**环形针：**将两根棒针用绳子连接起来，可按编织物的幅宽确定绳的长度。环形针粗细的号数同棒针一样。

**钩针：**是用竹子、角质、塑料、金属制成的针尖上有钩的针，用于钩针编织物的编织，分为毛线用和花边（网眼）用钩针两种。毛线用的钩针有2号到10号，号数越大针越粗；花边钩针有0号到12号，号数越大针越细。

**缝衣针：**类似缝衣服针的毛线用缝针，在缝合时使用。

**别针：**将两编织片缝合在一起时，为防止脱离所用的针。

**绳编针：**编织交叉花样时使用的针，为防止线套脱离，在针的中间做成凹形。

**起毛器：**用有绒毛的线类所织成的织物，编成后需用起毛器刷起立毛。

**线圈卷绕器：**用它将毛线绕成球状线团的设备。

## 二、编织机编织所需工具

**手动编织机：**有单板编织机、双板编织机、安装式罗纹编织机等。目前手动编织花样机有卡片式编织机和电脑编织机。

**单板编织机：**是家庭使用最多的一种手动编织机，主要用于平针编织和简单花样的编织。

**双板编织机：**是面向家庭设计的小型工业用编织机，由两个槽形板组合在一起，每个槽形板都装有一个机头，进行联合操作。用于罗纹和各种花样编织。

**安装式罗纹编织机：**是附装在普通单板机上的可拆卸式罗纹编织装置，备有一个槽形板和一个附机机头，在编织原理上与双板机相同，同时又可作单板机使用。

**手动编织机的配件：**每台手动编织机都有专用的附属配件，主要有重锤、刷子、带舌机构针、双头移圈针、移圈针、编织板、纱线紧张器、起针梳、推针板、穿线条、计行器等。

**套合机（缝合机）：**缝合（锁口）的机器，将另外织好的边条（如罗纹口）缝在衣片上时使用，制成品缝合时多使用此机械。

**工业用编织机**

- 工业用编织机
  - 形成制品编织机
    - 纬编织机
    - 平型编织机
      - 纬编织机
        - 单针床
        - 复针床
          - 普通编织机
            - 素地编织机
              - 大横
              - 小横
            - 手动
            - 半自动
            - 自动
            - 双提花
            - 绒毛
            - 集圈针织横机
          - 两面编织机
          - 两头编织机
            - 素地
            - 花纹
      - 全成形编织机
    - 圆型编织机
      - 袜子编织机
      - 衣坯圆型编织机
  - 衣料编织立机
    - 纬编织机
      - 横编织机——平型
      - 圆型编织机——筒型
    - 经编织机
      - 平经编织机
      - 米兰尼斯经编机
      - 罗塞尔机
  - 特殊编织机

# 第二节 针编织服装材料质地

## 一、针编织服装原料

用来编织服装的线，首先要求结实、质轻、有弹性，此外还要有塑性（由于加热产生的变形）、柔韧性、适当的吸湿性和对于温度和水的稳定性，要具有易纺性（纤维的捻合性质）、对于药品的抵抗性以及容易染色等性能。目前使用的编织线主要来源于两种纤维，一种是天然纤维，另一种是化学纤维。

### （一）天然纤维

**动物纤维**

从羊、山羊、兔、牛等动物体上采取密生的毛制成的纤维。它的特征是纤维表面上覆盖着鳞片状，不易沾水，吸湿性强，保温性好，伸缩性和弹性都很好。主要有以下几种。

**羊毛**：用绵羊毛制成的纤维，强度小、伸缩性和弹性好、不易沾水、手感温暖丰满。长时间浸水会造成纤维捻合的收缩和毡化。

**羊仔毛**：又称短毛或羔羊毛，是取自6~9个月的小羔羊身上的毛，纤维细、短、软，类似绒毛。

**羊绒**：是山羊身上贴肤生长的一种极细的绒毛，手感柔软顺滑，外观细密丰满，保暖性好，轻盈舒适，是羊毛中的高档品种。

**安哥拉山羊毛**：用安哥拉山羊毛制成的纤维光滑感强，缩绒性弱，富于弹性，强度好，多和弹力小的线类纺在一起使用。

**卡什米阿山羊毛**：用卡什米阿山羊毛的根部毛制成的纤维，手感柔软，有保温性，但强度偏低。

**雪特兰毛**：采用英国雪特兰群岛的沼地短羊毛纺制而成，属粗纺品种。手感轻柔、光泽感强、外观蓬松、保暖性和弹性都好。

**驼毛**：用软驼毛制成的纤维，轻软柔和、保温性强。

**兔毛**：用兔子身上的毛制成的，毛纤维长而蓬松、富有光泽、质地轻盈、手感柔顺、保暖性能好于羊毛。

**牦牛毛**：用牦牛的毛制成的纤维，外观蓬松粗犷。

**蚕丝**：是从蚕茧中获得的纤维，线长、伸缩力大、富有柔韧的弹性，具有不易折皱的性质。

**植物纤维**

是从植物的果实和茎部采取的纤维，伸缩性小、吸湿性强、耐磨性强、干燥快，适用于夏季制品。主要有以下几种。

**棉**：从棉花中采取的纤维，呈扁平的管状，中间是空的。吸湿性、吸水性好，易染色，耐热耐摩擦力强，其缺点是伸缩性差、缩水、易折皱。

**麻**：是剥下麻茎内部的柔软皮层制成的纤维，非常结实，湿润后更结实，其缺点是伸缩小、易皱、缩水、耐酸性差，在染色上也达不到棉纤维的光艳程度。

### （二）化学纤维

**再生纤维**

是用浆粕进行化学处理，将纤维素再次制成纤维状的化学纤维，如人造丝、卡普隆（铜胺纤维）。这类纤维适于混纺和交织，触感与绢丝相似，平滑、有光泽，但缩水、易发霉。

**半合成纤维**

是用一部分纤维素分子代替其他化合物所制成的化学纤维，如醋酯人造丝。由于没有吸湿性和吸水性，所以干燥快、抗虫蛀、抗发霉，但耐热耐摩擦性能差。

**合成纤维**

全部都由化学物质制成的纤维。主要有以下几种。

**尼龙**：质轻而有弹力、不易折皱、吸收性小、干得快、染色简单，但白色制品易变黄，有带电性，易污染环境。

**丙烯腈纤维**：是与羊毛纤维很像的化学纤维，通常与其他纤维混纺在一起制成编织线。质地轻松、保温性好、牢度强、抗虫蛀、抗发霉，但会产生静电，易污染。

**无机质纤维**：金属丝线。

## 二、纤维的鉴别

鉴别纤维的方法很多，燃烧是人们最常用的纤维鉴别方法。

**棉**：容易燃烧，放出火焰，烧焦部分为黑褐色，有烧纸样的臭味，其灰为白色粉末。

**毛**：点燃时，一边慢慢发泡，一边放出火焰而燃烧，发出烧毛发一样的臭味，其灰为不定型黑褐色块状。

**腈纶**：点燃时，缓慢收缩，熔融，慢慢发出火焰燃烧，有一种特殊臭味，其灰为不定型黑褐色硬块。

**涤纶**：点燃时，熔化而不产生火焰，不变色，没有特殊臭味，其灰为玻璃状光亮的圆球。

## 三、线的粗细外观

**线的号数**

编织线的粗细，是根据规定的标准长度和重量的关系算出的数值，一般用号数表示。号数越大线越细，这是因为号数是由1000克的纤维纺出的长度为基准的。

**线的粗细**

是用号数和复线股数合在一起表示的。特细2/48；极细2/20；中细4/24；细4/18；中粗4/11；极粗4/5。例如：4/11的线指的是用4股单线合成的11号长度的中粗毛线。线的粗细又和线的捻合相关，根据加捻的情况分成单线和复线。

**单线**：是指将短纤维按同一方向合并捻在一起。

**复线**：是指用2根或2根以上的线，按照单线捻向的相反方向捻成一根线。3根加捻的线叫三股线，4根加捻的线叫四股线，通常2根及以下者为针织线，3根及以上者为编结线。

**线的外观品种**

常见的有普通线、花呢线、毛绒线、马海毛线、皱纺线、装饰线、球饰线、环饰线、圈圈线、扁平线、羽状线、金属丝线、金属混纺线等。

## 四、 针编织服装面料组织结构

针编织物中线圈有规律的相互串套就形成各类组织。针编织品是把线套或线圈连续集合在一起做成织物的形状，将这些线套的状态用图形表示出来就成为组织图。针编织物组织的种类很多，一般有纬编和经编之分。具体组织种类如下：

- 编织组织
  - 纬编
    - 基本组织
      - 纬平针组织
      - 罗纹组织
      - 双反面组织
    - 变化组织
      - 四平组织
      - 集圈组织
      - 畦编组织
      - 提花组织
      - 空气层组织
      - 纱罗组织
      - 波纹组织
      - 其他
  - 经编
    - 经平组织
    - 米兰尼组织
    - 罗塞尔组织

### （一） 纬编类组织

#### 1. 纬平针组织

是单面纬编针织物的最基本组织，这类织物包括单面平针织物和双层平针织物。

**单面平针织物：**是由连续的单元线圈在单针床上相互串套而成，织物横向延展性大，有卷边性，线圈断裂后易脱散。

**双层平针织物：**是由连续的单元线圈在横机的前、后针床上相互串套而成。由于是循环的单面编织，两端是封闭的，中间呈空筒状，犹如一只口袋，因而

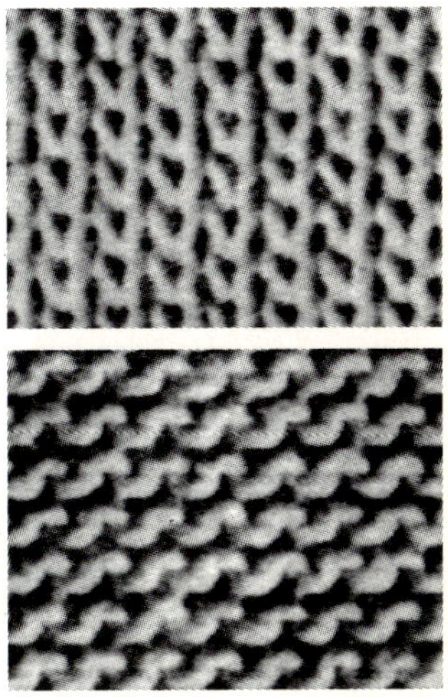

单面平针织物

俗称袋形织物、圆筒形织物。

**2. 罗纹组织**

是纬编双面针织物的基本组织，它是由正面线圈纵行和反面线圈纵行以一定的组合相间配置而成。罗纹组织的种类很多，它取决于正、反面线圈纵行数的不同配置。其表现形式为1＋1、2＋2或5+3罗纹等等。此外还包括两个单罗纹叠加组织，即双罗纹组织。罗纹织物的特点是横向延展性、弹性较大，常用于紧身衣和一些领口、袖口、下摆等弹性要求比较高的部位。

1 + 1罗纹

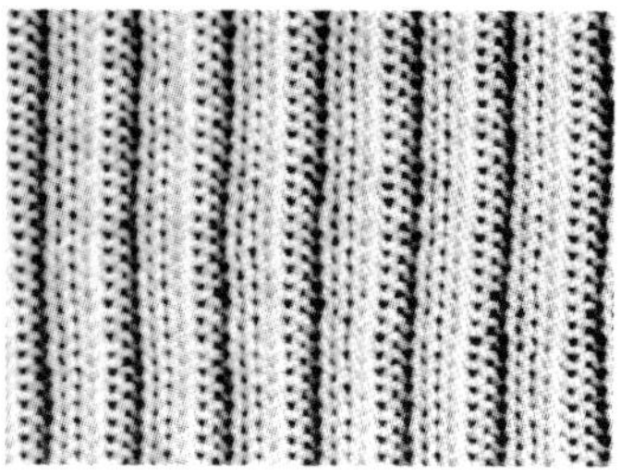

2 + 2罗纹

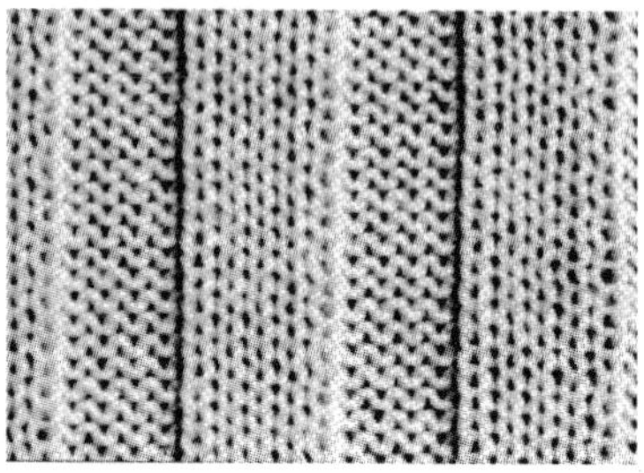

5+3罗纹

**3. 双反面组织**

是由正面线圈横列和反面线圈横列相互交替配置而成，这种织物的两面都似纬平针组织的反面，在纵向上有较大的弹性和延展性，无卷边现象，是外衣类服装的理想面料。

**4. 四平组织**

该组织的线圈配置与结构和单罗纹相同，是前、后针床满针排列编织的双面编织组织。它的横向排列紧密，弹性较单罗纹好。

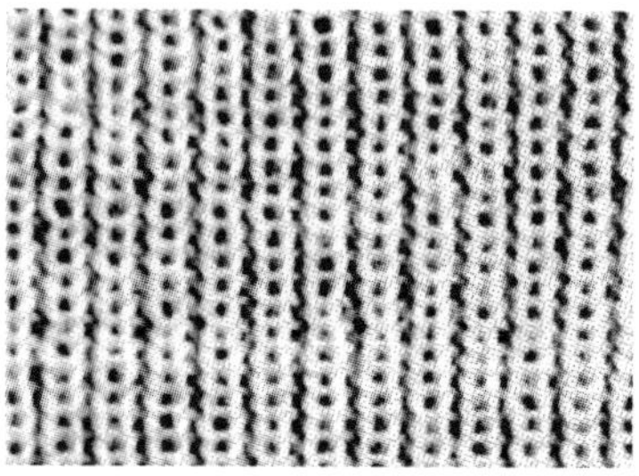

四平组织

**5. 集圈组织**

在针织物的某些线圈上，除套有一个封闭的线圈外，还有一个或几个未封闭的悬弧，这种组织称为集圈组织。集圈组织可形成图案、网眼花纹、凹凸花纹、彩色花纹等，但织物弹性较差，易抽丝。这类组织主要用于女装和童装的设计。

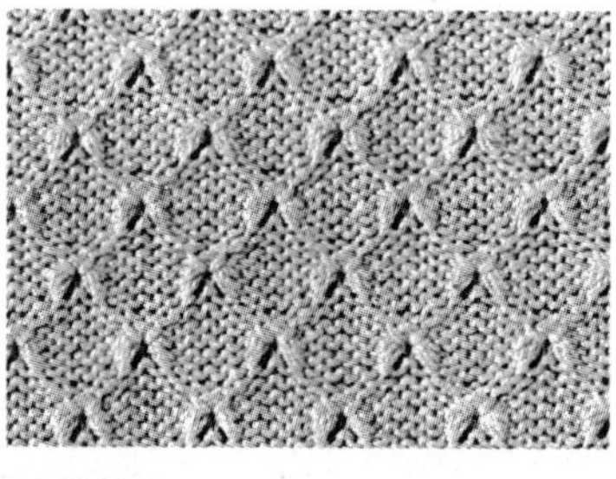

集圈组织

**6. 畦编组织**

又称鱼鳞组织、双元宝针，是在双针床上编织的双面集圈。畦编组织又分半畦编（单鱼鳞）和全畦编（双鱼鳞）两种。这种织物丰满厚实，保暖性好，在棒针编织中应用较广。但

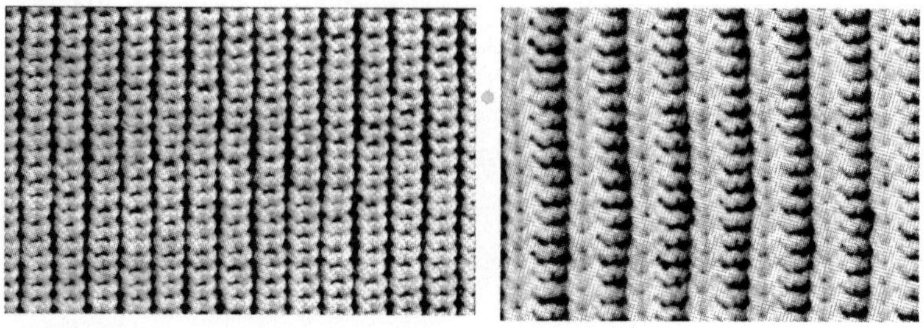

畦编组织

双鱼鳞织物的横向易伸长变形，使服装的保型性降低。

**7. 提花组织**

是将几种不同颜色的毛纱，按花纹要求，使纱线在线圈横列内有选择地以一定间隔形成线圈的组织。按组织结构可分为单面提花、双面提花两类。织物较厚实、不易变形、延伸性和脱散性较小、有良好的花色效果。

**单面提花：**是在单针床上形成的提花组织，可分为有虚线提花和无虚线提花两种。

**有虚线提花：**是指在织物的反面有浮线存在的单面提花组织。它的每一个线圈横列都是由参加编织的不同色纱通过选针编织而成，每个线圈的后面都有不同颜色的浮线，因此容易抽丝，在选择花形上不宜过大。

**无虚线提花：**是指织物反面无浮线存在。它的结构是采用分段选针，分梭喂纱，半混针交接的方法而形成，一般采用几何图形。与有虚线提花相比，无虚线提花织物表面平整、无重叠线圈、用料少、重量轻、配色多、外观粗犷。

**双面提花：**是在双针床上形成的提花组织，可分为完全提花和不完全提花两种。

**完全提花：**是指织物的反面线圈都参加编织，正面线圈根据花形，结合配色进行选针编织。当颜色多时，织物显得厚实、硬板、不平整，且花形会有“露底”现象，常用于外套设计。

**不完全提花：**是指织物的反面线圈一针隔一针地参加编织。这种织物较平整，反面色纱呈点状排列，正面线圈覆盖性能好，无色彩“露底”现象。细针薄型产品常采用不完全提花组织。

提花组织

**8. 空气层组织**

由罗纹组织与平针组织复合编织而成的组织。空气层组织又可分为罗纹空气层、罗纹半空气层、双罗纹空气层、变化罗纹半空气层等多种组织。

**罗纹空气层组织：**俗称四平空转组织，由罗纹组织与平针组织复合编织而成。织物结构紧密、横向延伸性小、厚实挺括，常用于童装、春秋外衣的设计。

**罗纹半空气层组织：**俗称三平组织，由罗纹组织与平针组织复合编织而成。织物横向延伸性比罗纹空气层组织大、手感柔软、较厚实，常用于男女衫设计。

**双罗纹空气层组织：**俗称棉毛空转组织，由双罗纹组织与平针组织复合编织而成。织物紧密厚实、横向延伸性小、有良好的弹性，常用于针织外衣、西裤、裙子的设计。

**变化罗纹半空气层组织：**又称点纹组织，由不完全罗纹组织与浮线平针组织复合编织而成。织物结构紧密、横向延伸性小、尺寸稳定性好、线圈脱散性小、表面平整、外观有斜纹，常用于童裤、春秋外衣的设计。

空气层组织

### 9. 纱罗组织

又称移圈组织，是在纬编基本组织的基础上，按照花形要求， 将某些线圈进行移位而构成花色组织。由于线圈移位的方法不同，所产生的花色效应也不同，一般有挑花和绞花两种。

**挑花组织：**是根据花形要求，在不同针、不同方向进行线圈移位，构成具有孔眼的花形，因此挑花织物也称起孔织物、空花织物。这种织物活泼、轻便，富有华丽、装饰之感。

**绞花组织：**又称拧花移圈，是在四平抽条的基础上，根据花形要求，将某些相邻织针上的线圈相互移位而成。这种织物一般以粗针为主，外观较厚实、粗犷、豪放、青春、活泼。

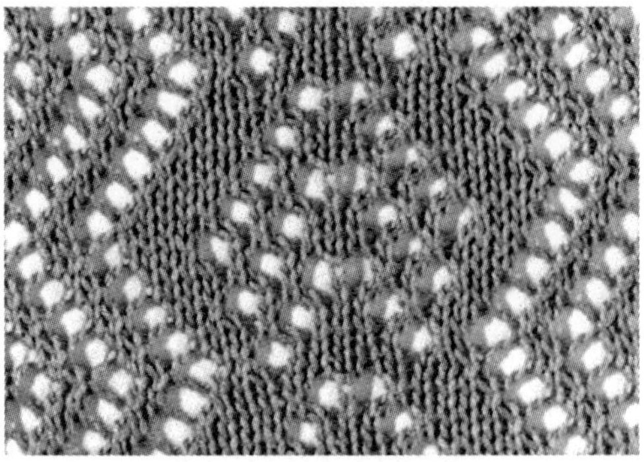
挑花组织

绞花组织

### 10. 波纹组织

俗称扳花组织，是由倾斜线圈形成波纹状的双面纬编组织。织物的倾斜线圈是根据花形要求，在横机上移动针床所形成，倾斜线圈以各种方式排列在针织物的表面，得到各种曲折花形。由于采用的基础组织不同，波纹类织物可分为罗纹波纹组织和集圈波纹组织。

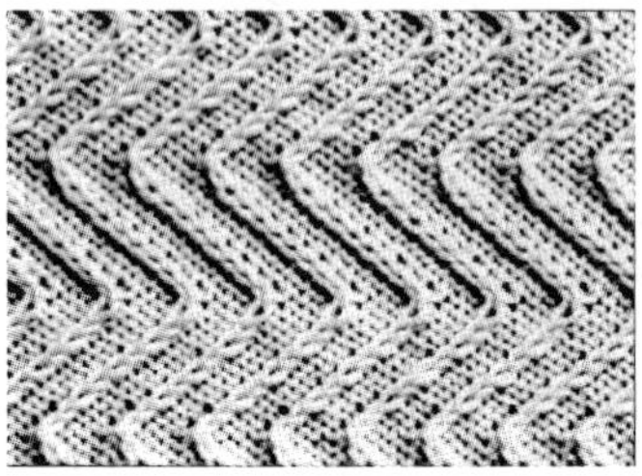
波纹组织

## （二） 经编类组织

### 1. 经平组织

编织线套在一面上为横向排列，在另一面上为纵向排列，用经平编织机进行的编织所形成的组织。在经平编织组织中有经缎编织、凸纹编织、双面经平编织、锁针编织、立毛编织组织等，一般多用于内衣和衬衣的里衬。

### 2. 米兰尼斯组织

是在表面构成畦状花纹，里面构成菱形花纹的编织组织。这种组织只有一种，织物厚实牢固，但由于生产效率低，现在几乎不使用。

### 3. 罗塞尔组织

是使用装有V型缺口装置的编织机器上织出的花样编织组织，有经编皱纹编织、边缘编织、立毛编织、集圈罗纹编织、网眼（花边）编织组织等。

# 第六章　针编织服装结构设计

# 第一节　针编织服装尺寸测量

由于编织品有伸缩性,各部位的尺寸不需要像做梭织服装时量得那样准确,因此一般测量尺寸比较容易。量尺寸时要准备好软尺、尺寸表格、铅笔等必要用具。测量时,妇女、儿童被量者要求穿贴体内衣,男性被量者要求穿衬衣。下面具体介绍人体和服装各部位的量尺点和测量方法。

## 一、人体各部位的量尺点及测量方法

**侧颈点(SNP)**: 颈侧面根部与肩部相交位置点。

**肩宽点(SP)**: 肩部转折处的顶点。

**胸围点(BP)**: 乳点在胸部的位置点。

**前领口点(FNP)**: 前颈部的中心位置点。

**后领口点(BNP)**: 后颈部的中心位置点。

**胸围(BL)**: 腋窝下通过胸部最丰满处围量一周的尺寸(可垫一手指)。

**腰围(WL)**: 从腰部最细的地方围量一周(可垫一手指)。对于年龄小的儿童,腰部的位置不明显,可以从侧面观察,取大约在和肘部平齐的位置上围量一周的尺寸。

**臀围(HL)**: 臀部最丰满处呈水平的部位围量一周(可垫一手指)。

**颈围**: 在喉骨下围量一周(可垫一至二手指)。

**头围**: 把头发压在软尺下,在太阳穴的位置上围量一周。

**臂围**: 手臂自然下垂,在手臂根部水平围量一周。

**膀根围**: 将软尺通过肩宽点,围绕膀根一周的尺寸。

**腕围**: 在手腕的关节部位上围量一周(可垫一手指)。

**手掌围**: 将手指自然并拢,在拇指根部松松围量一周,再从量出的尺寸上减去 1 cm。

**总肩宽**: 后背左肩骨外端点量至右肩骨外端点。

**腰长**: 从腰围线到臀围线的长度。

**背长**: 从后领口点到腰围线垂直长度(软尺垂直)。

**肘长**: 从肩点量至肘关节的长度,再从量出的尺寸上减去 1 cm。

## 二、服装主要测量部位方法

**上衣长**: 从后领口点向下量取所需长度。

**袖全长**: 从后领口点通过肩点量至所需长度。

**袖长**: 从肩点量至所需长度。

**裙长**: 从腰围最细处量至所需长度。

**裤长**: 从侧面的腰围线到踝骨部位的长度。裤子的长度与裙长、衣长一样,可以根据设计要求进行变化。

**裆长**: 将腰直起坐在平坦的凳子上,从肋侧的腰围线到凳面的长度。

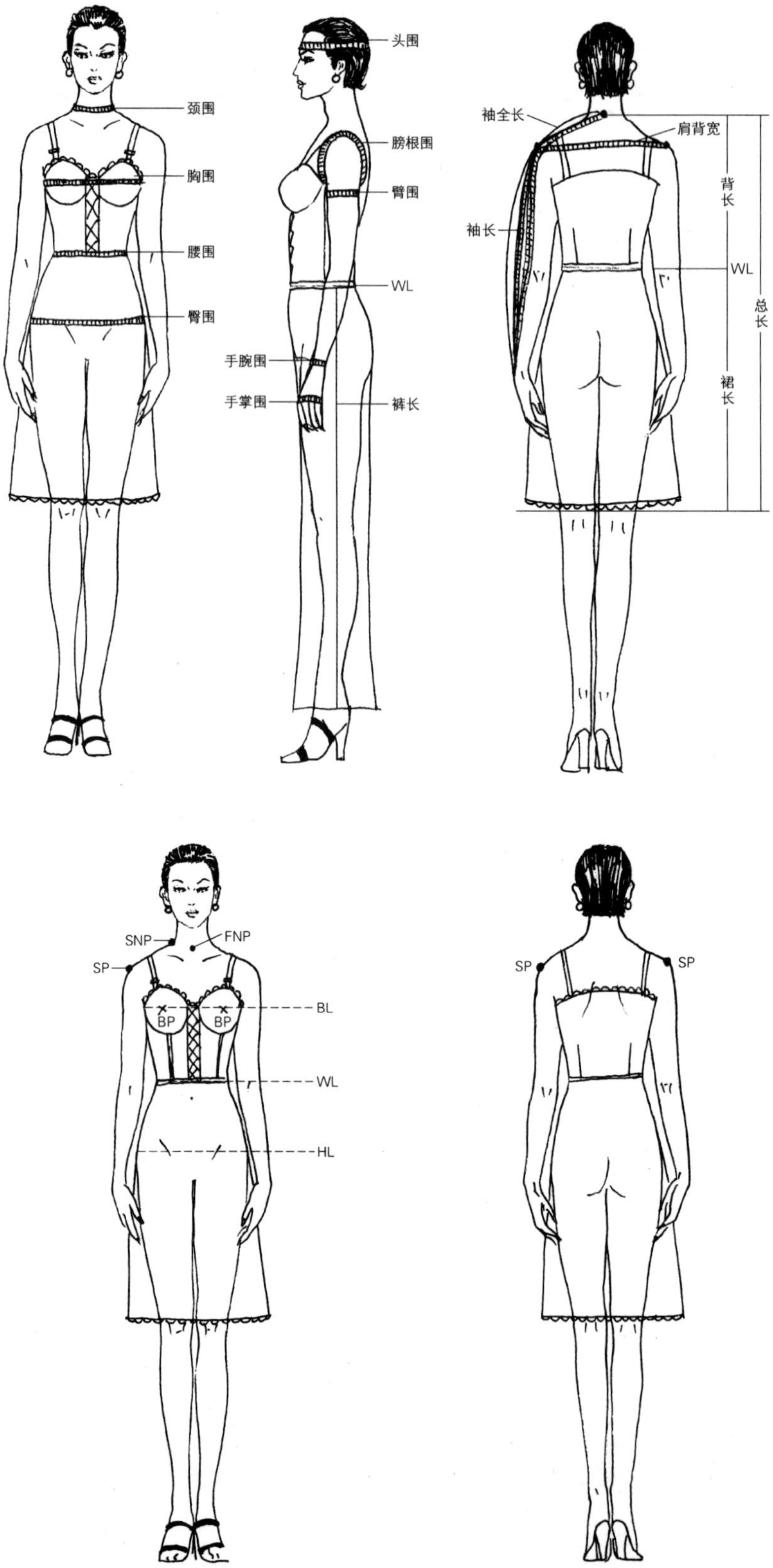

头围
颈围
袖全长
肩背宽
膀根围
胸围
臂围
背长
袖长
腰围
WL
WL
臀围
总长
手腕围
手掌围
裤长
裙长
SNP
FNP
SP
BL
BP
BP
WL
HL
SP
SP


量体方法

## 三、女装、男装、童装参考尺寸

女装、男装参考尺寸

（单位 cm）

| 尺寸 \ 名称 | | 胸围 | 腰围 | 臀围 | 背肩宽 | 背长 | 总长 | 上衣长 | 外衣长 | 裙长 | 袖全长 | 袖长 | 肘长 | 膀根围 | 手掌围 | 手腕围 | 坐上高度 | 裤长 | 颈围 | 头围 |
|---|---|---|---|---|---|---|---|---|---|---|---|---|---|---|---|---|---|---|---|---|
| 女装 | 小 | 78(82) | 58 | 86(88) | 34 | 35 | 130 | 46～56 | 80～90 | 46～56 | 67 | 50 | 29 | 36 | 19 | 15 | 26 | 90 | 35 | 56 |
| | 中 | 84 | 62 | 90 | 36 | 37 | 136 | 50～60 | 85～96 | 50～60 | 71 | 53 | 30 | 38 | 20 | 16 | 27 | 93 | 36 | 57 |
| | 大 | 90 | 68 | 94 | 38 | 39 | 145 | 55～65 | 90～100 | 58～64 | 75 | 56 | 31 | 40 | 21 | 17 | 28 | 98 | 37 | 58 |
| 男装 | 小 | 86 | 74 | 86 | 38 | 40 | / | 60 | / | / | 74 | 54 | / | / | / | / | 24 | 92 | 37 | 56 |
| | 中 | 90 | 78 | 90 | 40 | 42 | / | 65 | / | / | 77 | 56 | / | / | / | / | 26 | 96 | 38 | 57 |
| | 大 | 94 | 84 | 96 | 42 | 44 | / | 70 | / | / | 82 | 60 | / | / | / | / | 28 | 101 | 41 | 58 |

童装参考尺寸

（单位 cm）

| 年龄 \ 名称 | | 胸围 | 腰围 | 臀围 | 背肩宽 | 背长 | 上衣长 | 外衣长 | 袖全长 | 袖长 | 坐上高度 | 膝下长 | 手掌围 | 手腕围 | 头围 |
|---|---|---|---|---|---|---|---|---|---|---|---|---|---|---|---|
| 婴儿 | | 50 | 48 | 50 | 22 | 19 | 28 | 31 70 | 35 | 23 | 23 | 24 | 13 | 8 | 45 |
| 1 | | 50 | 50 | 50 | 22 | 20 | 30 | 33 | 35 | 24 | 20 | 24 | 13 | 9 | 46 |
| 2 | | 52 | 50 | 52 | 23 | 21 | 32 | 35 | 38 | 27 | 20 | 29 | 13 | 9 | 48 |
| 3 | | 54 | 52 | 54 | 23 | 23 | 32 | 39 | 42 | 30 | 21 | 34 | 14 | 10 | 50 |
| 4 | | 56 | 54 | 57 | 24 | 24 | 34 | 43 | 44 | 32 | 21 | 39 | 14 | 10 | 52 |
| 5 | | 60 | 56 | 60 | 25 | 25 | 35 | 47 | 47 | 34 | 21 | 44 | 14 | 11 | 53 |
| 6 | | 62 | 57 | 60 | 25 | 26 | 38 | 51 | 48 | 35 | 21 | 47 | 15 | 11 | 54 |
| 7 | 男 | 64 | 58 | 62 | 26 | 28 | 40 | / | 51 | 38 | 22 | 50 | 15 | 11 | 55 |
| | 女 | 64 | 58 | 66 | 26 | 28 | 40 | 56 | 51 | 38 | 22 | 50 | 15 | 11 | 55 |
| 8 | 男 | 66 | 58 | 64 | 27 | 29 | 42 | / | 54 | 40 | 22 | 53 | 15 | 12 | 55 |
| | 女 | 66 | 58 | 69 | 27 | 29 | 42 | 60 | 54 | 40 | 22 | 53 | 15 | 12 | 55 |
| 9 | 男 | 68 | 60 | 66 | 28 | 30 | 44 | / | 56 | 42 | 22 | 56 | 16 | 12 | 55 |
| | 女 | 68 | 60 | 72 | 28 | 30 | 44 | 64 | 56 | 42 | 22 | 56 | 16 | 12 | 55 |
| 10 | 男 | 70 | 60 | 70 | 29 | 31 | 45 | / | 60 | 45 | 22 | 59 | 16 | 12 | 56 |
| | 女 | 70 | 60 | 72 | 29 | 31 | 45 | 68 | 60 | 45 | 22 | 59 | 16 | 12 | 56 |
| 11 | 男 | 70 | 62 | 71 | 30 | 32 | 48 | | 62 | 47 | 22 | 62 | 16 | 13 | 56 |
| | 女 | 71 | 62 | 72 | 30 | 32 | 46 | 72 | 62 | 47 | 24 | 62 | 16 | 13 | 56 |
| 12 | 男 | 72 | 63 | 73 | 31 | 34 | 50 | / | 67 | 51 | 23 | 65 | 17 | 13 | 56 |
| | 女 | 73 | 62 | 76 | 31 | 34 | 46 | 76 | 66 | 49 | 24 | 65 | 17 | 13 | 56 |
| 13 | 男 | 74 | 64 | 75 | 32 | 36 | 52 | / | 68 | 52 | 24 | 69 | 17 | 14 | 56 |
| | 女 | 75 | 62 | 82 | 32 | 35 | 48 | 81 | 66 | 49 | 25 | 67 | 17 | 14 | 56 |
| 14 | 男 | 76 | 66 | 78 | 33 | 38 | 54 | / | 68 | 53 | 25 | 72 | 17 | 14 | 56 |
| | 女 | 77 | 62 | 84 | 33 | 36 | 50 | 84 | 67 | 50 | 26 | 67 | 17 | 14 | 56 |

# 第二节　针编织服装原型结构设计

## 一、原型结构设计

由于现在针编织品大量进入服装领域，人们要求针编织服装具有梭织服装同样美观的线条，这就需要先根据准确量得的尺寸做出原型，再以此为标准设计完成作品。原型结构设计是在大众化情况下，以推算得出的一定形状作基准的结构设计方法，这是使制图简易化的一种方法。

女装的原型可分为衣身（上半身）、袖、裙（下半身）三个部分。上半身以胸围、背肩宽、背长的尺寸为基准；袖子以前后身上的袖笼和袖长尺寸为基准；裙子以臀围和裙长尺寸为基准。各个必要部位的尺寸要求分别加上宽份，然后再绘制成图。

## 二、原型各部位名称

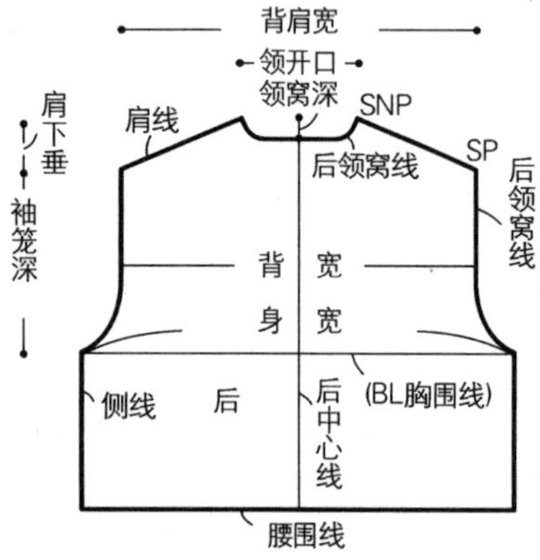


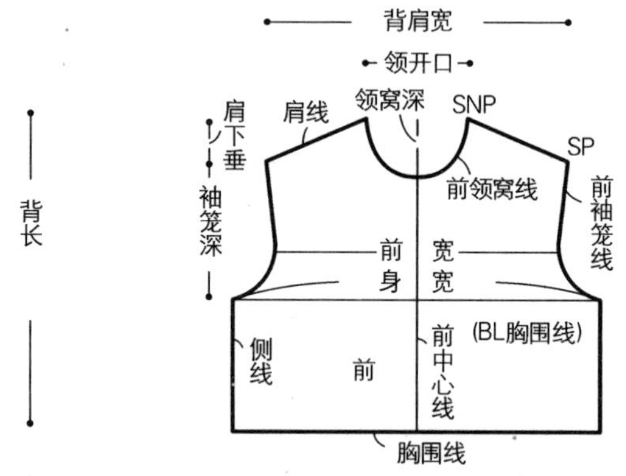


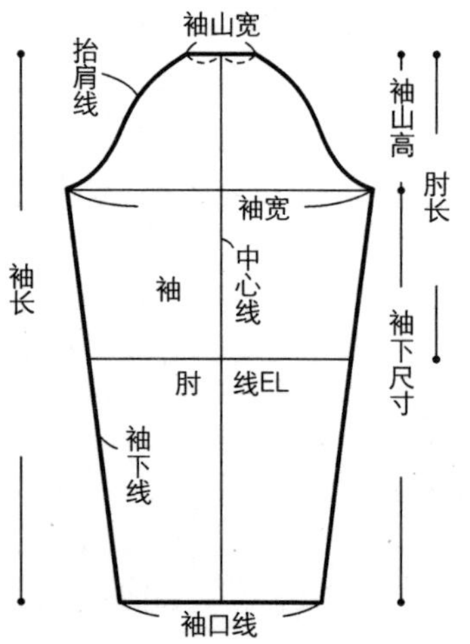


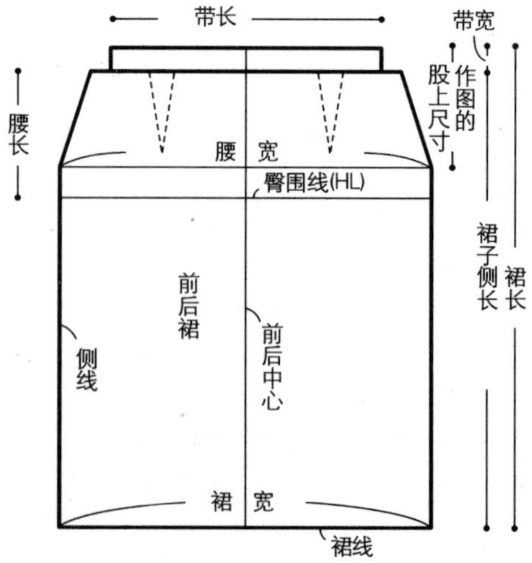

## 三、原型的绘制

### (一) 女装原型绘制

#### 1. 上衣原型绘制

所需尺寸:胸围 84 cm、背长 37 cm、背肩宽尺寸 36 cm

1) 基础线绘制

i. 先在纵向上按背长,横向按胸围尺寸的 1/2,各加 2 cm 宽份画长方形,用长方形左侧的线作为后身中心线,右侧的线作为前身中心线。

ii. 在身宽的中央画侧缝线。

iii. 从长方形的上端取胸围尺寸的 1/4 画横线,作为胸围线。这也是决定袖笼深度的线。

iv. 在胸围线上,用背肩宽尺寸的 1/2,分别从前后中心向左右测量,然后向上引垂直线。在后衣身上,垂直到后中心线的间隔为背肩宽;前衣身上,此垂直线(或向内移 1 cm 后)到前中心线的间隔为前胸宽。

在绘制原型及利用原型进行服装结构设计时,一般按从后衣身往前衣身绘制的顺序。

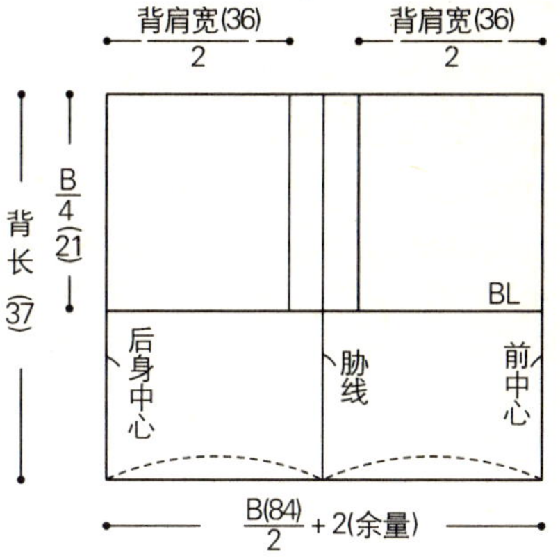


2) 后衣身的绘制

i. 画后领窝线

先在左上端基础线量取胸围的 1/20 再加 2 cm 的尺寸,再取 2 cm 长作垂直线并画出领围曲线,2 cm 往上的部位为侧颈点。

ii. 画肩线

在背肩宽线上从上端基础线向下 3 cm 处连接侧颈点,向下 3 cm 的交点为肩点。

iii. 画袖笼线

将肩点到胸围的垂直线 3 等分,取 1/3 点与胸围线和侧缝线(胁线)的交点连接,再将背肩宽和后身宽的差数 2 等分,用同等尺寸在角平分线上量取,并在 2 等分处作点,连接各点画顺袖笼曲线。

3) 前衣身的绘制

i. 前领窝线

在基础线的右上方量取后领窝横开领的尺寸,在纵向上用此尺寸再加 1 cm,作点连接侧颈点 1/2 解分和画顺领窝曲线,纵向尺寸作为前领窝深度。

ii. 画肩线

在背宽线上从基础线的上端往下 5 cm 处,与侧颈点连接,向下 5 cm 的交点作为肩点。

iii. 画袖笼线

将袖笼深度 3 等分,从胸围线往上 1/3 处向中心侧凹进 1 cm,与肩点连线。再连接肩点、凹进点和侧缝端点,袖笼曲线画顺。

iv. 确定胸点、胸褶线

从胸围线向下 3 cm,从前中心线向侧缝量取 9 cm,定胸高点。胸褶线与胸围线平行,褶宽 2~3 cm,从腰围线向下同样加出 2~3 cm,作为前衣身垂褶缝量。

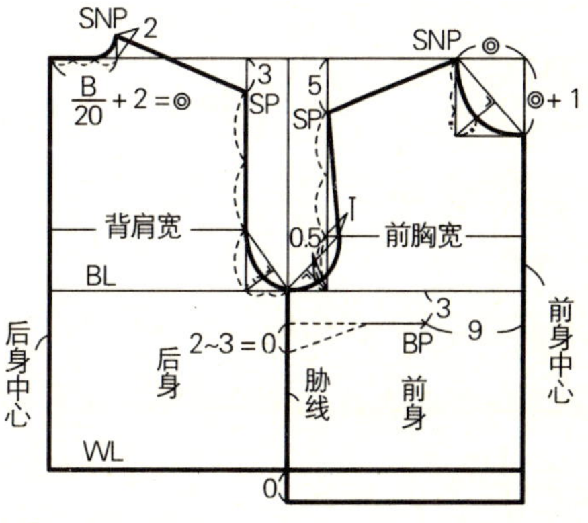


(按上述方法绘制的衣身原型,使用时要从侧缝线剪开,对称地绘出整个前后身的图纸。)

**2. 袖子原型的绘制**

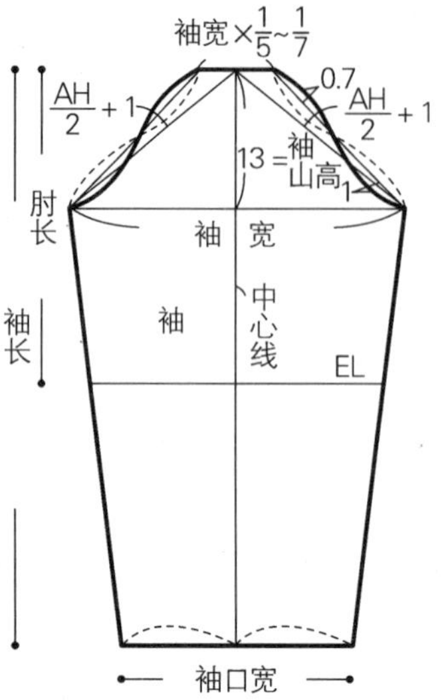


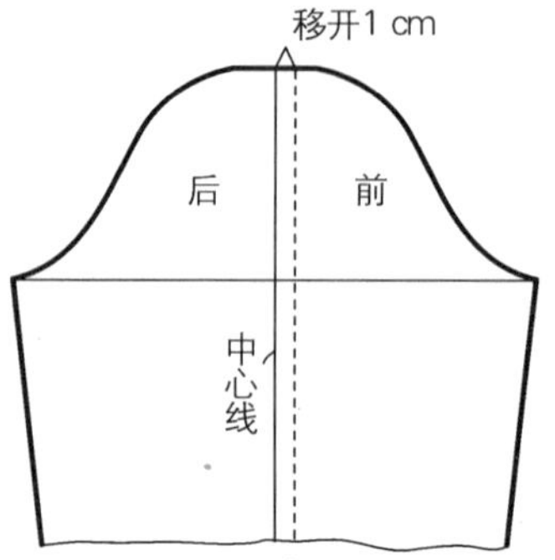


所需尺寸：从衣身原型上量得的袖笼(AH)尺寸和袖长尺寸(自定)

i. 纵向画出袖长中心线和与中心线垂直相交的横线，并从上端量出袖山高(13 cm)。

ii. 确定袖宽

从中心线上端顶点向左右按袖笼尺寸的 1/2 再加上 1 cm 的尺寸画与横线相交的斜线，两条斜线在横线上取得的间隔尺寸为袖宽。

iii. 抬肩线

在中心线的上端左右分开画出袖宽尺寸的 1/5～1/7 的横线，并与袖宽的两端连线。再将这条斜线 2 等分，顺向上凸出 0.7 cm 和向下凹进 1 cm 的曲线，左右曲线对称。

iv. 袖口线

在袖口处，画出平行于袖宽线的袖口横线，用手掌围加 1 cm 的尺寸，画出袖口宽，并与袖宽线的两端相连，同时画出肘长位置的横线。袖子前后的抬肩曲线要求不相同，为了编织时方便计算，而不改变前后抬肩曲线，只在衣身缝合时，将袖山的中心线向前移 1 cm，即能达到所需的效果。

**3. 裙子原型的绘制**

所需尺寸：裙长、腰围、臀围尺寸

i. 画基础线

纵向量取裙长，横向量取臀围尺寸的 1/2 加 2 cm 的宽份，画长方形，用这个横向尺寸作为臀宽。周身 4 cm 的宽份是坐下和行走时的最低要求。

ii. 确定臀围线

从量得的腰长上移 4 cm 作臀围线。

iii. 确定腰带

从臀围的中心线向左右用腰围的 1/2 再加 3～4 cm 的宽份作长度，取宽度为 3 cm，画腰带。

iv. 画褶缝

在腰带下两侧，取距中心线 9 cm 的位置画褶线，褶宽为 3 cm，长为 10 cm。这是标准的褶缝尺寸，也可以根据体形和设计要求不同加以变化。

v. 画侧缝线

从腰带下面向左右侧缝各加 3 cm，与臀宽的两侧连接。当臀围和腰

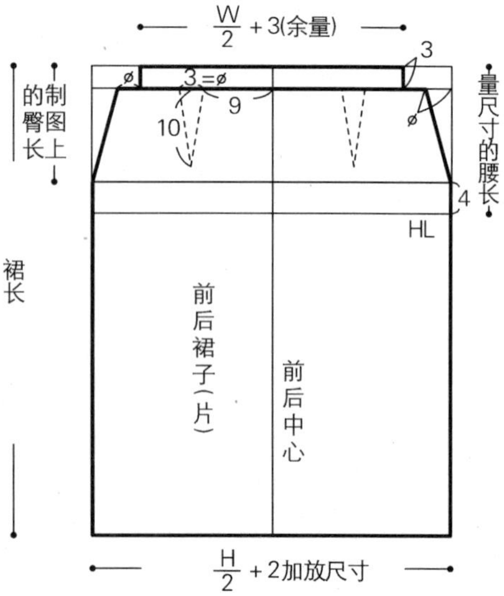

围的尺寸相差在 4 cm 以上时，可以用 2 个褶缝，在裙腰围上加宽份来调整。这样可使裙的侧缝弧线漂亮。

### (二) 男装和童装原型

#### 1. 男装上衣原型

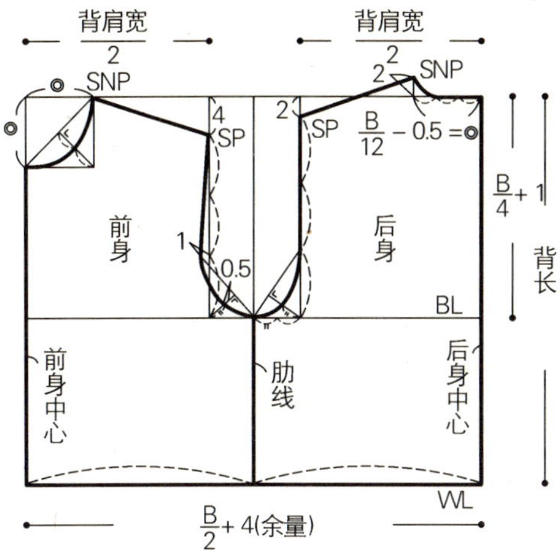


#### 2. 童装上衣原型

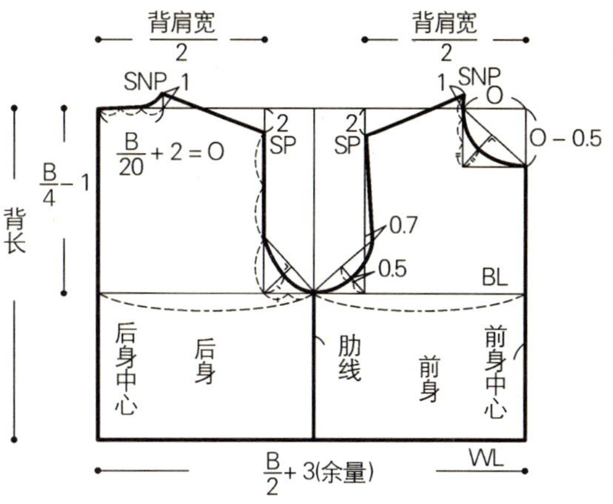


## 四、特殊体形的上衣原型修正

原型图是按标准体形绘制的，因而对于特殊体形的人，原型需要经过修正后再使用，这样才能编出合体的作品。

### (一) 衣身原型的修正

#### 1. 胖体形

胖体形是指净胸围在 90 cm 以上的人。由于针编织物的特点是宽度越大(针数多)，横向伸展量就越多，因此净胸围在90 cm以上时，适合的原型反而是身宽余量要减小。修正的方法是在前后身的两侧各减去 0.5～1 cm，总余量减至 2～4 cm。原型的袖笼是由胸围尺寸推算出来的，如对肥胖者来讲，这样开袖笼太大了，因此要将袖笼线从侧缝向上抬 1～2 cm，同时加进胸褶缝。这样便能满足只是除手臂外身形、肥胖者所要求的原型。

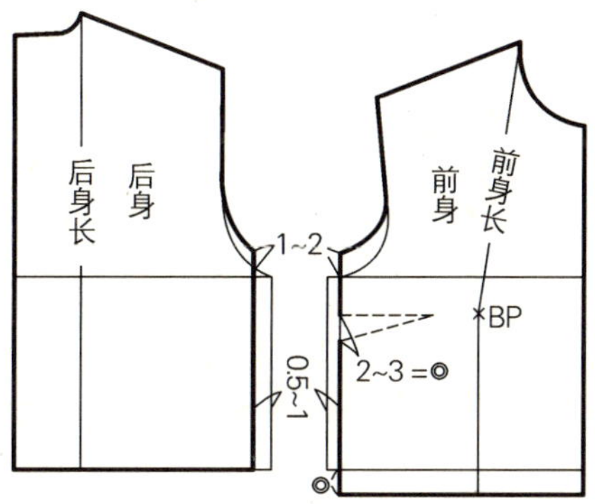

**2. 瘦体形**

瘦体形是指净胸围在 80 cm 以下的人。与胖体形人正好相反，由于编织物的宽度窄，横向的伸展量少，因此 4 cm 的宽份织出来的尺寸就小，适合的原型应是身宽余量增加。修正的方法是在前后衣身的两侧各加 0.5～1 cm，使宽份增多。开袖笼时在侧缝往下放 0.5～1 cm，以便达到瘦体形人所要求的原型。

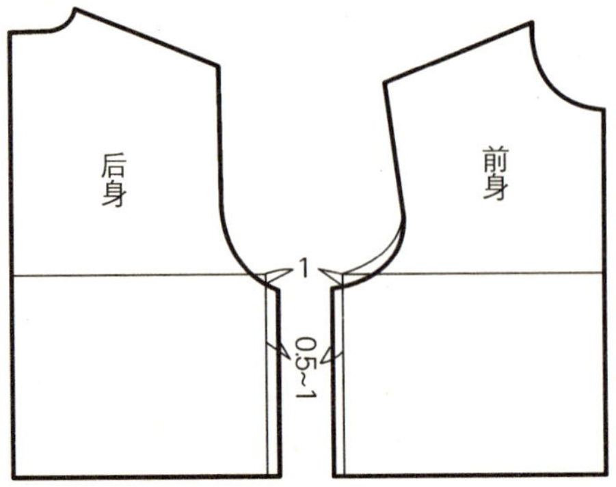


**3. 挺胸体形**

这种体形的特点是后身短，前身长，如按一般标准体形制得的原型编成衣服后，穿在身上前片会发吊。修正的方法是将后衣身的肩线往下降 1 cm，前衣身的肩线往上提 1 cm，使前衣身尺寸加长，但必须加进胸褶缝，褶缝的宽份加到下摆上。这样便能得到适合该体形的上衣原型。

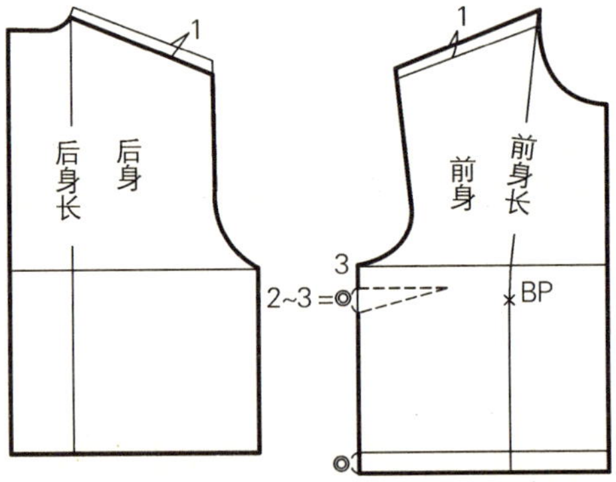


**4. 驼背体形**

这种体形的特点是后身长与挺胸体形人相反。在中老年人中较为常见，修正的方法是在后衣身上将袖笼和肩线上加 1 cm，使后衣身变长，并在后背和肩部之间加一个 2 cm 宽、6 cm 长的褶缝，将加出的宽份从肩点引出，再修改画出的袖笼线。将前衣身的肩线下减 1 cm，使前衣身的长度缩短。这样便能得到适合该体形的上衣原型。

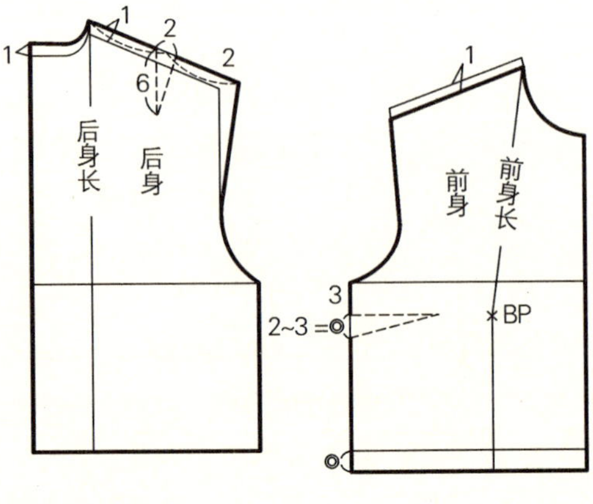

**5. 耸肩体形**

这种体形的特点是肩较平，其适合的原型应肩线倾斜度较小修正方法是将肩点上提 1 cm，与侧颈点连线，减小肩部的倾斜，侧缝上抬 1 cm，再修改袖笼线。从而得到适合该体形的上衣原型。

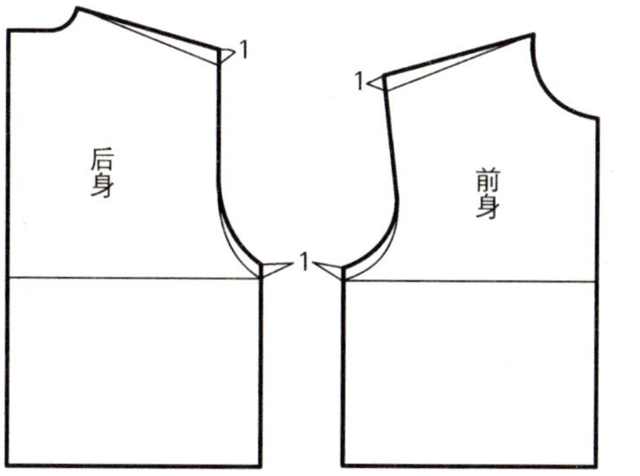


**6. 溜肩体形**

这种体形的特点是肩较塌，下溜。与耸肩体形的修正方法相反，是将肩点下降 1 cm 后与侧颈点连线，增大肩部倾斜，侧缝下降 1 cm，再重新修改袖笼线。从而得到适合该体形的上衣原型。

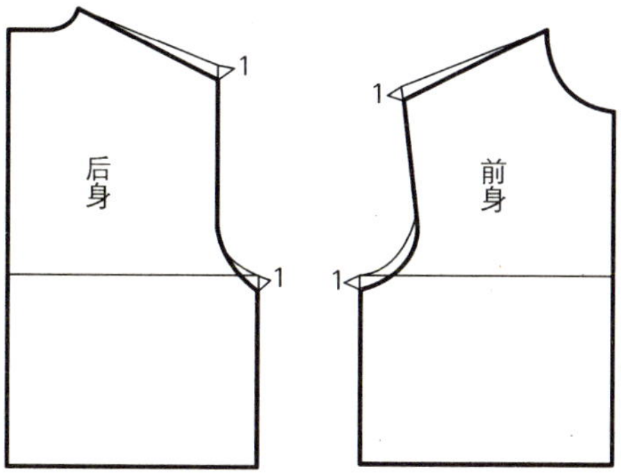


## (二) 特殊体形的裙子原型修正

**1. 大腿外张体形**

这种体形的裙子原型应尽量不暴露大腿外张的缺陷，避免穿紧身贴体的裙子，因此裙子的下摆要设计得宽些，裙长稍长，使它能覆盖住外张的大腿。修正方法是下摆放宽，即在两旁的侧缝上各放出 3～6 cm，再在腰围线上用折回编织方法编出 1.5～2 cm 的斜度，从而得到适合该体形的裙子原型。

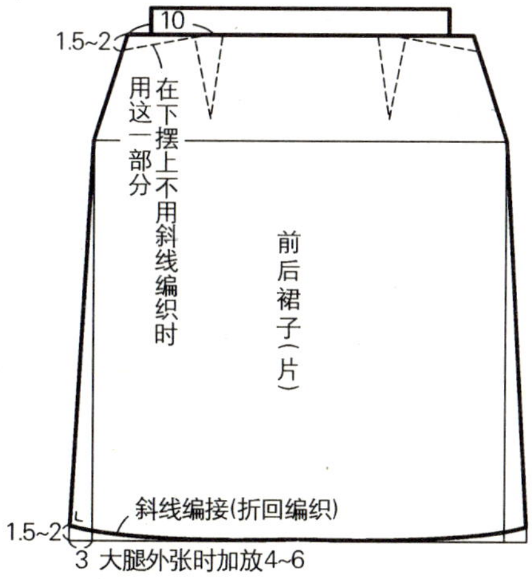

**2. 窄臀体形**

这种体形的裙子原型，可以不用褶缝，只在裙片两侧作减计，即可得到适合该体形的裙子原型。

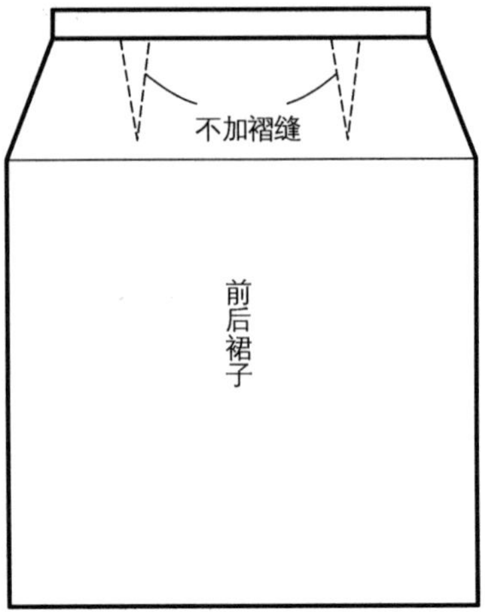


**3. 臀部下移体形**

这种体形的人，如穿上直接按一般标准原型编制的裙子后，腰围的位置会下移，在臀部会出现松弛多余的余量，因此应将这部分余量减掉。修正的方法是将后腰线的中心位置下移 2～3 cm，便能去掉多余的量，与侧缝用曲线连接，同时修改褶缝，从而得到适合该体形的裙子原型。

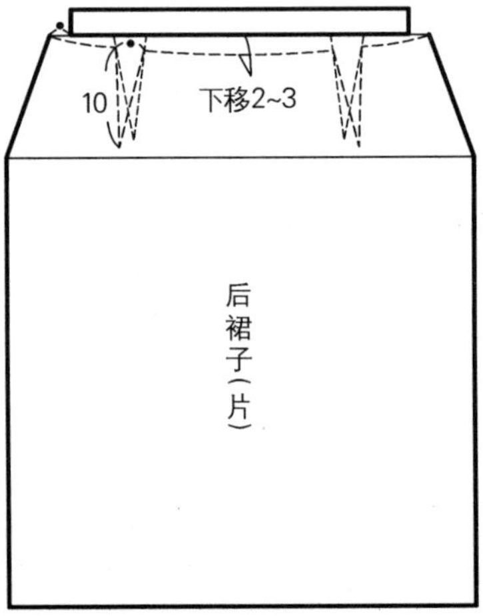


## 五、与梭织面料的原型之比较

针编织服装的结构设计在许多方面都可以借鉴一般梭织服装结构设计的方法，但针编织物是极具独特个性的面料，这使它们在结构设计上又存在着不同。针编织服装在结构设计时借鉴采用原型法，获得针编织服装原型，这有利于适应设计、技术发展的需求。

### (一) 原型结构图

针编织服装的原型与梭织服装原型一样都有上衣原型、袖原型与裙装原型，只是它们的原型结构有所不同。以女装上衣和袖原型为例。

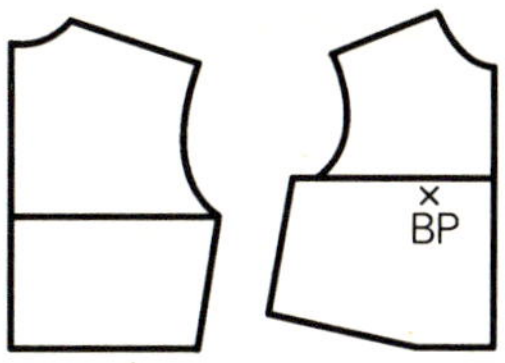

梭织面料服装上衣原型

袖片原型

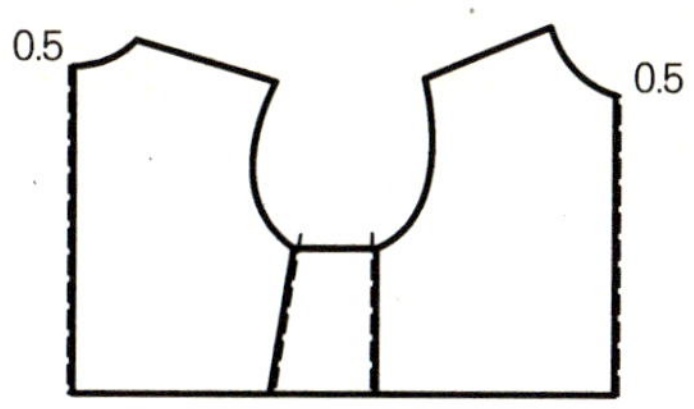

针织面料服装上衣原型(实线)

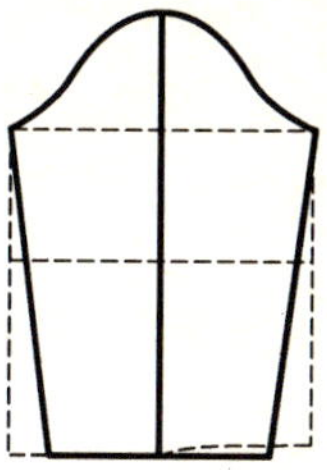
袖片原型(实线)

## (二) 原型比较

### 1. 结构线表现形式

针编织服装中结构线的形式，大多数是直线、斜线或简单的曲线。与梭织服装原型相比，梭织服装原型中采用曲线的部位，针编织服装原型中因针编织服装有弹性，只需直线或斜线就能达到相似效果，针编织服装原型中省道线则尽量省略了。袖片原型中，针编织服装袖片原型由肩部斜线或简单的曲线组成，袖山顶处也是由直线或起伏不大的曲线表示，肩部的形状穿着后由织物的悬垂与变形获得，而梭织服装则要通过曲线来完成服装造型。

### 2. 围度的基本松量

在梭织服装的原型中存在 10 cm 的基本松量，对于针编织服装，不存在基本活动量的问题，围度放松量较小，甚至不需要。结合面料特点经过消除胸省、肩省处理，实现肋线对位后，梭织服装原型 10 cm 的松量在针编织服装原型中只有 4 cm 的放松量(4 cm 的胸围松度为人体呼吸变化量)。由此可见在各基准点高度不变的情况下，获得的针编织服装原型的细部尺寸基本接近人体静态净体尺寸，人体基本活动量由针编织面料的弹性来调节。

### 3. 原型的省量处理

梭织服装原型的胸省为胸部造型变化最大可能而设定的量，包括乳凸量、前身胸腰差量和限定的设计量，一般在实际应用中通常使用它的部分省，只有当设计一种极贴身的造型时才应用到全省，如图中虚线所示。而针编织服装取前衣片腰线低于后片 1 cm 作腰线对位，分解全省量为胸省和腰省，前后肋线不等量归于袖笼，并转化为袖笼深度的处理。肩省处理是在前肩线放出 1.5 cm 与后肩线相差 0.5 cm 为肩省(这是由于肩胛骨的客观存在)。然后划顺袖笼线，这种原型也是针编织服装原型的基础。结合针编织物的特点在梭织原型的基础上去除胸省和肩省后，按照纸样分类采寸，按后侧缝：前侧缝：后中心：前中心＝1：1：0.5：0.5分配在相应部位并去除，从而得到针编织服装上衣原型，如图中实线所示。

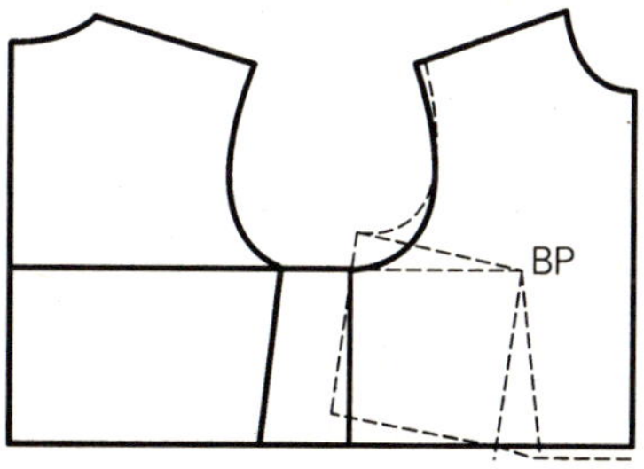

原型省量处理

### 4. 腰节长

针编织服装原型中采用前腰节长少于梭织服装原型中前腰节长 1 cm，是为了削弱胸容量的结构处理(针编织服装的原型是去除了胸省)，使得前腰节长小于后腰节长。梭织服装原型中一般前腰节长大于后腰节长。

### 5. 袖笼深

梭织服装原型中的前袖笼深大于后袖笼深。而针编织服装原型中前后袖笼深相同，增大前袖笼深是由于胸省转化的结果。

6. **肩宽、背宽、胸宽、领宽**

针编织服装原型与梭织服装原型在总肩宽、背宽、胸宽方面都差不多。针编织服装原型中领宽稍小于梭织服装原型的领宽，这是由于针编织面料的伸缩性引起的。

## (三) 原型应用比较

### 1. 直身、宽松型服装的结构设计

利用各自原型进行直身宽松型的针编织或梭织服装的结构设计时，其肩点、袖笼深点的变化以及袖子的结构处理都一样。不同的是胸围松量分布的位置设计不同。应用梭织服装原型设计服装纸样时，其胸围松量分布在后侧缝、前侧缝、后中缝和前中缝处。分配方法为 3：1.5：1：1.5，而袖笼开深量为侧缝放量一肩升高量。设胸围追加量为12 cm（一半制图为 6 cm）。

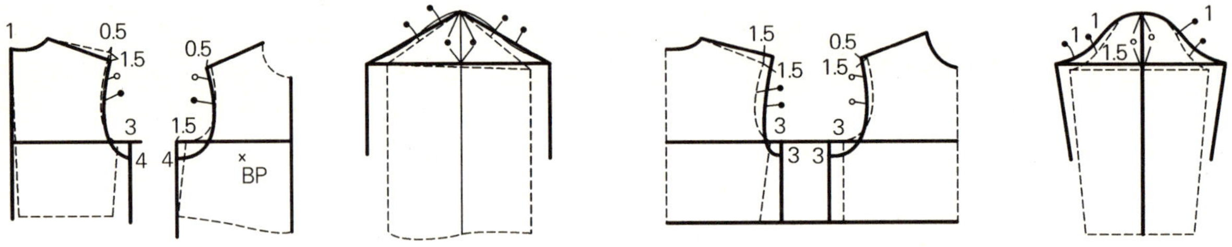


直身、宽松型梭织服装的结构设计(实线)　　直身、宽松型针织服装的结构设计(实线)

运用针编织服装原型设计服装纸样时胸围追加松量集中设计在侧缝处，并使后侧缝追加松量尺寸大于前侧缝追加量，在侧缝胸围尺寸增加的同时相应开深袖笼深，开深尺寸约为前后侧缝增量总和的一半。例如，前后侧缝追加总和6 cm（一半制图为 3 cm），袖笼开深为 3 cm，针编织服装结构设计中后肩线大于前肩线0.5 cm，即含有 0.5 cm 的肩省量，后肩点抬高大于前肩点抬高尺寸。针编织服装与梭织服装的袖片的结构设计基本相同。

### 2. 紧身型服装结构设计

从原型图中可以看出，针编织服装原型的细部尺寸基本接近人体静态净体尺寸。运用梭织服装原型进行紧身服装纸样设计时，围度放松量为 0（晚装类束胸内衣除外），根据减量尺寸原则，前后中缝收缩 0.8 cm，前侧缝为 3 cm，后侧缝为 1.5 cm。

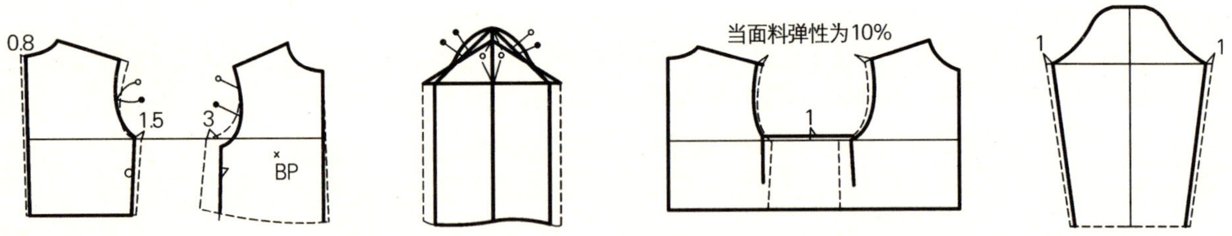


紧身梭织服装的结构设计(实线)　　紧身针织服装的结构设计(实线)

运用针编织服装原型设计紧身服装纸样时，其横向围度松量小于其原型尺寸。也就是成衣尺寸小于净体尺寸。袖片的结构设计基本稳定。针编织紧身服装袖片设计中当袖肥减小 1 cm 时与袖笼深 1 cm 抬高相对应（如图 6－2－11）。通过对针编织服装与梭织服装原型结构及应用的分析研究，比较了在同一部位的差异，帮助我们在设计针编织服装纸样时充分理解它所特有的伸缩性。掌握在梭织服装原型基础上建立的针编织服装原型，进行结构设计时将更方便、准确和科学。

# 第七章　针编织服装的编织工艺计算法

# 第一节　针编织服装样片制作

在编织作品前，必须首先确定出构成编织品线套大小的标准。由于针、线的粗细不同，编织时拉线的手劲也不一样，编出的线套也不同，为了能更好地体现设计作品，因此在编织成衣前要编一片确定编织品线套大小的标准（即密度，编织物在规定长度内的线圈数）的样片或者叫样板。

密度大

密度小

样片通常取 10 平方厘米（$cm^2$）的正方织物，要求测算出横向的线圈针数（横密）和纵向的线圈行数（直密），按照这个编织密度就可以计算出规格尺寸所需要的针数和行数。单位长度内针数多的织物紧密结实，针数少的织物疏松柔和。

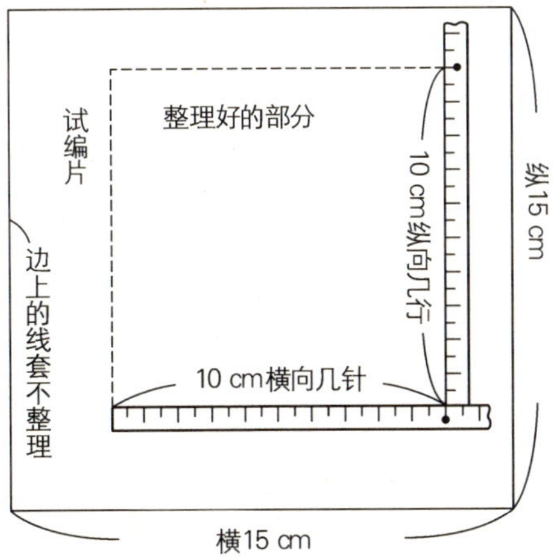

## 一、棒针编织样片制作

用编织成品的针和线，按成品的要求，编出一片长宽各为 15 cm 的正方形的小样片，然后用熨斗将样片熨平熨齐，放置一段时间等线圈稳定后，用尺子垂直量出 10 cm 长度内的水平方向的针数（横密）和垂直方向的行数（直密），得密度公式为 10 cm×10 cm=针数×行数。

## 二、手动编织机样片制作

带控制器的手动编织机织样片的方法，是先制定编织密度和机号。以一般进口编织机为例，一般密度值参考为：平针一细毛线 2～4 号，中细线 3～5 号，中粗线 5～7 号，粗线 7～9 号。为了达到松紧适宜的编织效果，编织样片时要根据线质和花型对密度盘上“0～10”十位数字进行选择，密度值的选择与编织样片同时进行。方法是：先选择一种密度，一般确定 30～40 针，织 40～50 行以上，然后调大一号或调小一号用同样方法织，从中选择一种外观、手感、弹性都比较理想的密度来正式织一块样片。

然后将下机的样片，经过湿缩、蒸缩、手工揉缩、自然回缩等其中一种回缩方法后，将样片在桌子上铺平，测量横向 10 cm 内有多少针（横密），纵向 10 cm 内有多少行（直密），得密度公式为 10 cm×10 cm＝针数×行数。

## 三、特别情况下的样片制作

### 1. 当花样不易数清时

可将花样的四周用普通平针编织，再在平针编织的部分进行测量。数出单位长度内横向有多少针，纵向有多少针。

### 2. 当花样过大时

先数清单个花样是多少针，然后算出 10 cm 中有几个花样，通过花样单位来计量针数。对于更大的花样，则要按照一个花样在多少厘米中有多少针来计算。例如：一个花样在 21 cm 中有 63 针，那么 1 cm 中的针数为 3 针。当前后身上要编进连续的大花样时，要按实物大小作图，确定尺寸范围能编进几个完整花样，并考虑到两侧的花样连接，从而决定出编织的针数。

### 3. 当使用网状花样时

数出 10 cm 中有几个花样，用花样个数算密度。

### 4. 当花样的伸展性大时

要将织物稍稍拉展开熨平，然后放置一昼夜后再测量，效果会更好。

### 5. 当使用花式线时

使用结子花式线或起圈花式线编织，由于线套的边界难以区分，针数难以数清，因此可在 10 平方厘米的方块四周绷上线来数。

### 6. 当水洗会收缩时

先用可能会收缩的线编小样片，再将样片放入水中浸透，待晾干充分回缩后再用作正式样片。试编样片要求比成品尺寸稍大，这样才能保证多次洗涤后仍不变型。

# 第二节　针编织服装针数和行数的计算方法

由于编织品除了由直线造型外，还由曲线和斜线来造型，因此必须计算加针和减针。编织品的加减针不仅是在一端的线圈上进行，也有在中间进行的，所以无论是手工编织还是手动编织，都需要在编织前就计算好编织线圈的加减针数。

## 一、方形、长方形的计算方法

当样片制作完成后，测算出编织物的横密和直密，就很容易得出成品尺寸所需要的针数和行数了。例如：样片的横密为 20 针/10 cm，直密为 30 行/10 cm，所设计的成品长度为 70 cm，宽度为 45 cm，那么所需的针数和行数就分别如下。

针数：20 针/10 cm×45 cm＝90 针

行数：30 行/10 cm×70 cm＝210 行

## 二、三角形的计算方法

首先把制图中的斜线看作是直角三角形的一条边，把斜线作为一条边的三角形一般可以分为纵长三角形和横长三角形。

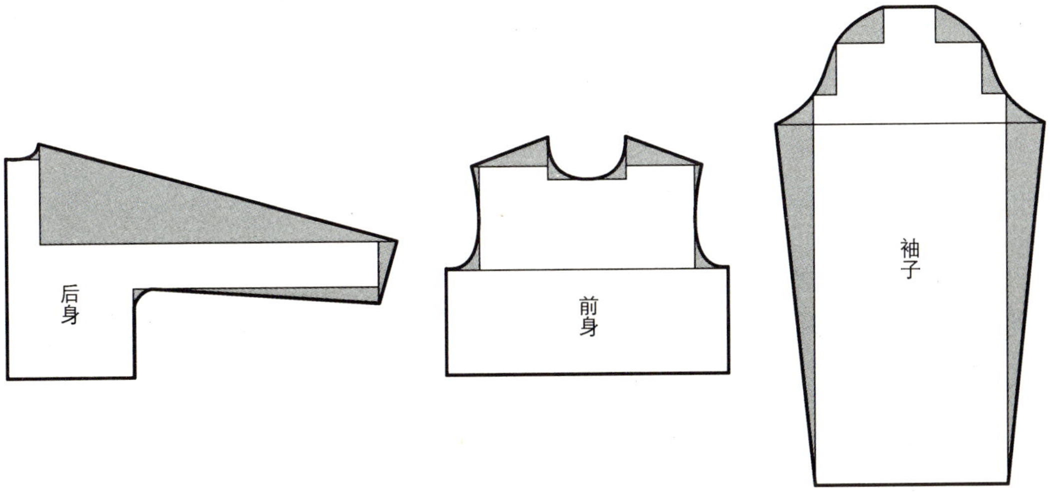


### (一) 纵长三角形的斜线计算方法

纵长三角形的斜线常见于两侧、袖下、V 形领、插肩袖等部位，有三种不同计算方法。

#### 1. 当斜线无接续直线时

如袖下等斜边的上下各方都没有接续直线时，由于编织开始和编织结束的地方都不能加针或减针，因此必须将织物分成几个间隔进行加减针。

**计算方法**：间隔的行数＝总的行数÷(加减针数＋1)

**例如**:纵向 30 行,横向加 4 针的三角形,其计算方法是:30 行÷(4+1)=6 行

**整理后为**:30 行分 6 行一间隔,共 5 个间隔,每 6 行加 1 针,进行 4 次。

**工艺上的写法是**:6 行无加减

6—1—4

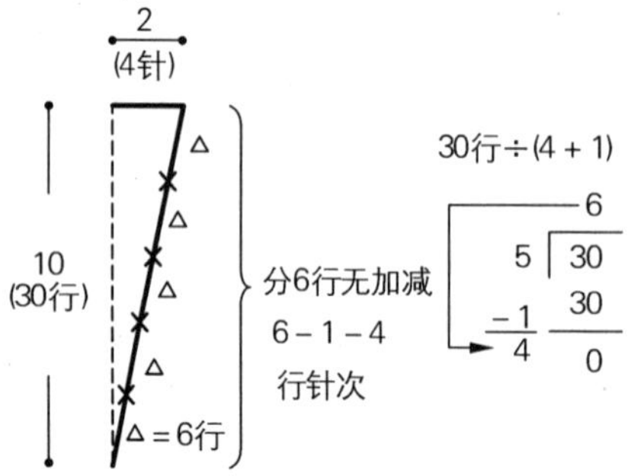


又如:当总针数不能被整除时,如总针数为 32 行时,32 行÷(4+1)=6 行余 2 行。将剩余的 2 行分到其中的两个间隔中,这样在 5 个间隔中就有两个间隔为 7 行,3 个间隔为 6 行。即每隔 7 行加 1 针,进行 2 次,再每隔 6 行加 1 针,进行 2 次。

**工艺上的写法是**:6 行无加减

6—1—2

7—1—2

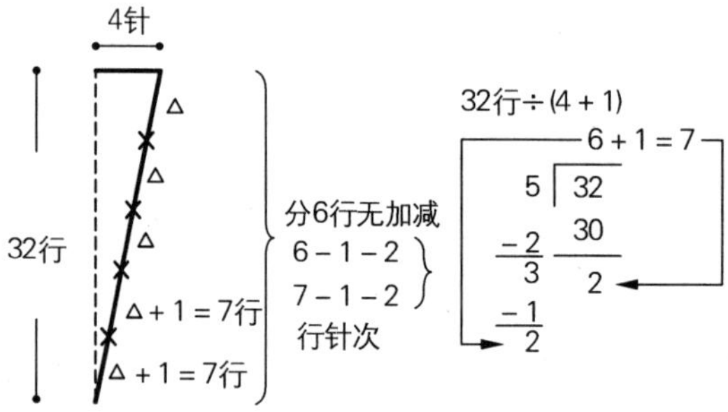


**2. 当斜线的一方有接续直线时**

这种情况分为上方有接续直线和下方有接续直线两种,计算方法也不一样。

1) 在上方有接续直线时

**计算方法**: 间隔的行数=总行数÷加减针数

**例如**:总行数为 32 行,加针数为 4 针的三角形,计算方法是:32 行÷4=8 行

**整理后为**:每隔 8 行加 1 针,进行 4 次。

**工艺上的写法是**:8—1—4

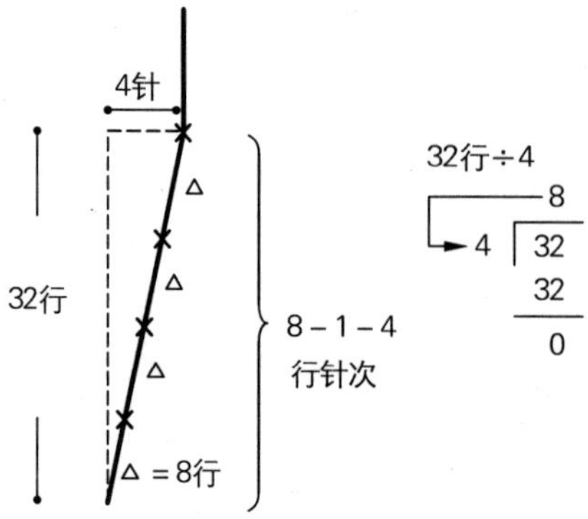

2）在下方有接续直线时：先将没有加减针的直线部分编织出来，在进入斜线部分的第一行上加 1 针，然后将总行数减 1 再除以加针数。

**计算方法**：间隔的行数＝（总行数－1）÷加减针数

**例如**：总行数为 32 行，加针数为 4 针的三角形，计算方法是：32 行 － 1 行 ＝ 31 行

31 行÷（3＋1）＝7 行余 3 行，把这余下的 3 行分别加入 3 个间隔中，就是每隔 8 行加 1 针，进行 3 次。余下的一个间隔有 7 行。

**工艺上的写法是**：7 行无加减

8－1－3

1－1－1

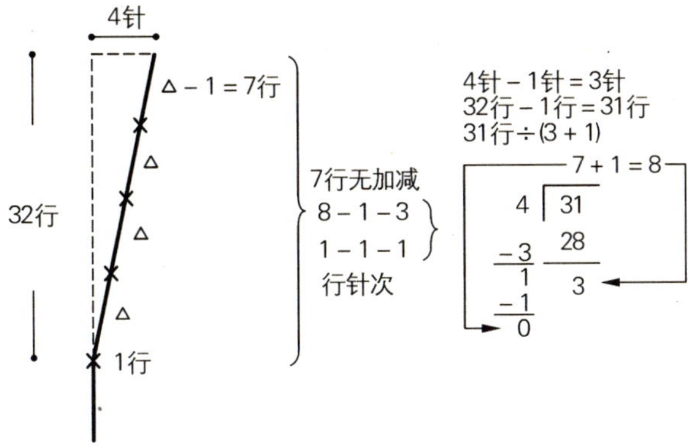


**3. 在斜线的上下方都有接续直线时**

可以在斜线的最初和最后部位里进行加针。编织方法：编完下方的直线部分之后，在进入斜线部分的第 1 行加 1 针，然后将斜线部分按照计算值编织，在进入上方直线部分的第 1 行上再加 1 针。

**计算方法**：间隔的行数 ＝（总行数 － 1）÷（加减针数 － 1）

**例如**：（32 行 － 1）÷（4 － 1）＝ 10 行余 1 行

**整理后为**：开始第 1 行加 1 针，从第 2 行开始每隔 10 行加 1 针，进行 2 次，最后隔 11 行加 1 针。

**工艺上的写法是**：11－1－1

10－1－2

1－1－1

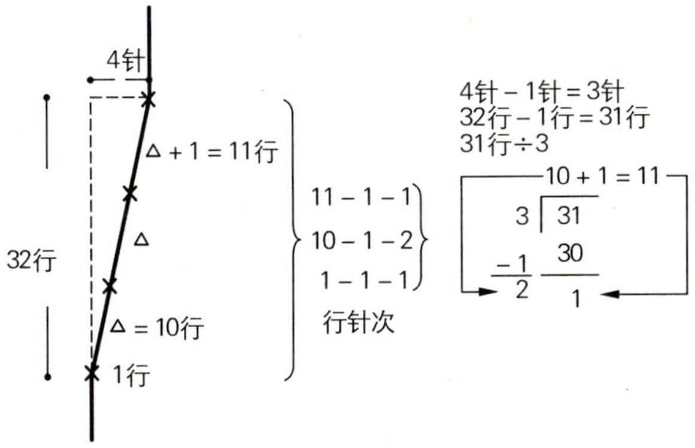

## (二) 横长三角形的斜线计算方法

横长三角形的斜线常见于肩下、胸褶等部位。这种三角形在每行上加减的针数较多,因此多使用折回编织和并针来造型。

在折回编织中,有每 1 行一折回和每 2 行一折回的方法。每 1 行一折回方法多用于钩针编织;棒针和手动机器编织时,则使用每 2 行一折回的方法。而每 1 行一折回的方法,与纵长三角形的斜线计算方法相反,是用针数除以要加减针之间的行数,得到的结果经整理后用每 1 行加几针几次来表示。下面所介绍的是每 2 行一折回的计算方法。以横向 20 针,纵向 6 行的横长三角形为例,所谓每 2 行一折回是将一次折回编织使用 2 行来完成,因而 6 行可以有 3 次折回。

横长三角形的斜线计算方法与纵长三角形的斜线计算方法相同,也有三种。

### 1. 当斜线无接续直线时

由于在斜线的左右两侧都没有接续直线,因此不能在最初和最后的两方进行折回编织,这时要在折回次数上加 1 后再去除针数。

**计算方法是:**每 2 行的加减针数 = 总针数 ÷(总行数 ÷ 2 折回 + 1)

**例如:**横向 20 针,纵向 6 行的横长三角形,每 2 行的加减针数 = 20 ÷(6/2 + 1) = 5 针

**整理后为:**每 2 行减 5 针,共折回 3 次,最后 5 针不变动。

**工艺上的写法是:** 2 — 5 — 3

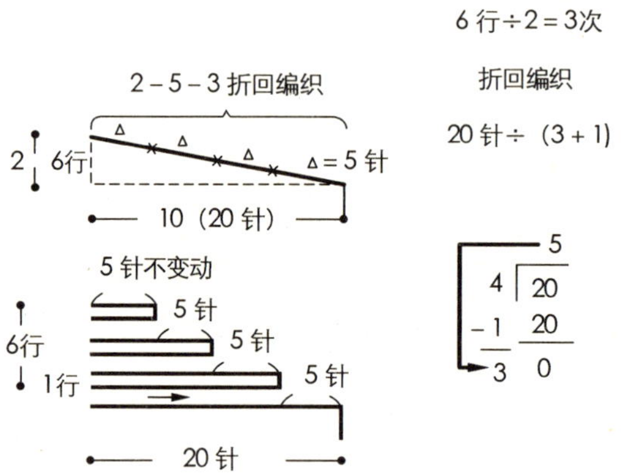


### 2. 当斜线的一方有接续直线时

**计算方法是:**每 2 行的加减针数 = 总针数 ÷(总行数 ÷ 2)

**例如:**每 2 行的加减针数 = 20 ÷(6 行 ÷ 2) = 6 针余 2 针

将余下的 2 针分到两个 6 针的间隔,使间隔的针数为 2 次 7 针,1 次 6 针

**整理后为:**每 2 行减 7 针折回进行 2 次,每 2 行减 6 针折回进行 1 次。

**工艺上的写法是:** 2 — 6 — 1

2 — 7 — 2

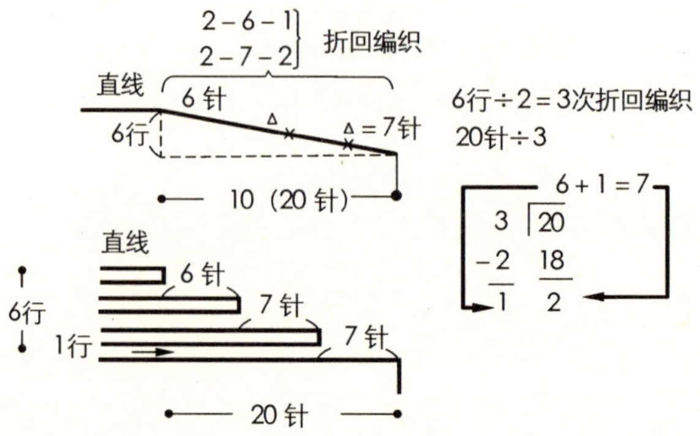

**3. 当斜线的两端有接续直线时**

这种情况下，由于在斜线的最初和最后位置可以进行折回编织，因此计算时可以将针数用折回次数减去 1 后再算。

**计算方法是：**每 2 行的加减针数 ＝ 总针数 ÷（总行数 ÷ 2 － 1）

**例如：**每 2 行的加减针数 ＝ 20 针 ÷（6 ÷ 2 － 1）＝ 10 针

**整理后为：**每 2 行减 10 针折回进行 2 次。

**工艺上的写法是：**2 － 10 － 2

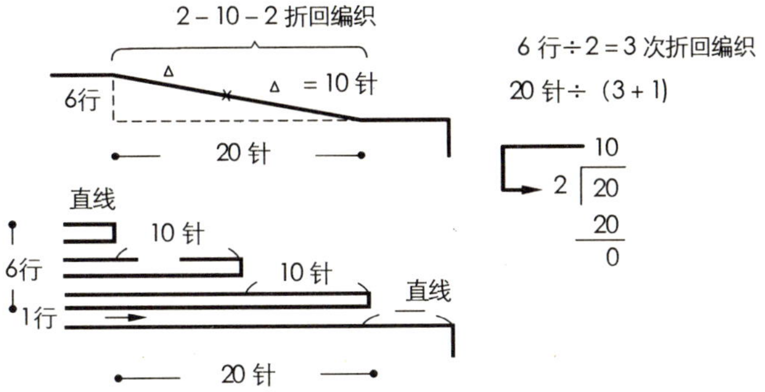


## 三、曲线的计算方法

曲线分为近似水平的曲线和近似垂直的曲线两种。近似水平的曲线，每一次加减的针数多；近似垂直的曲线，每一次加减的针数少，行数的间隔大。常用的计算方法如下。

### (一) 用样板坐标纸(方格纸)推算的方法

这种方法适用于和编织实物一样大小的纸样对照编织时使用。在和编织实物一样大小的样板坐标纸上，描出圆弧部分，将圆弧曲线外围线上的相应部分连接起来，画成台阶状的折线（可看出加减针的情况），再照图上的数字进行编织。

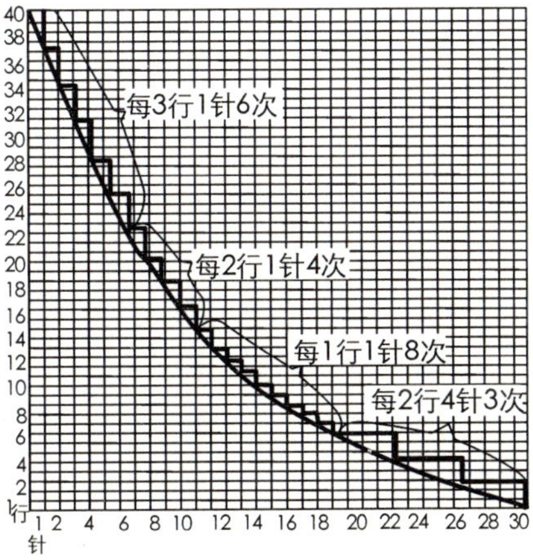


### (二) 将实际尺寸分成几段斜线区的计算方法

例如：将纵横 10 cm 的圆弧如图所示分成两部分，作出（1）（2）（3）的三角形，计算出 AC、CD、DB 的斜线进行编织。

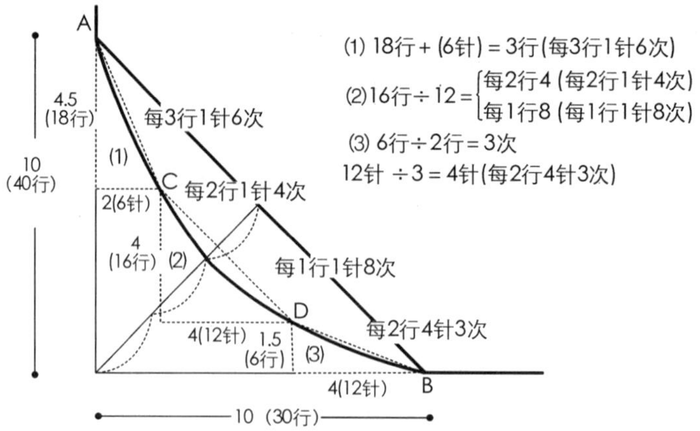


## (三) 简单的计算方法

将减针总数的 1/3 分 2～3 次进行并针，再将剩余针数的 1/2 按每 1 行减 1 针排列，然后将再剩余的针数 2 等分，将它们分为每 2 行减 1 针和每 3 行减 1 针。

对于行数较多的针法，如延伸针，可以在每 1 行、每 2 行、每 3 行加减针的部位上，变换为每 2 行、每 4 行、每 6 行的减针。这种简单的曲线计算方法现运用较普遍。

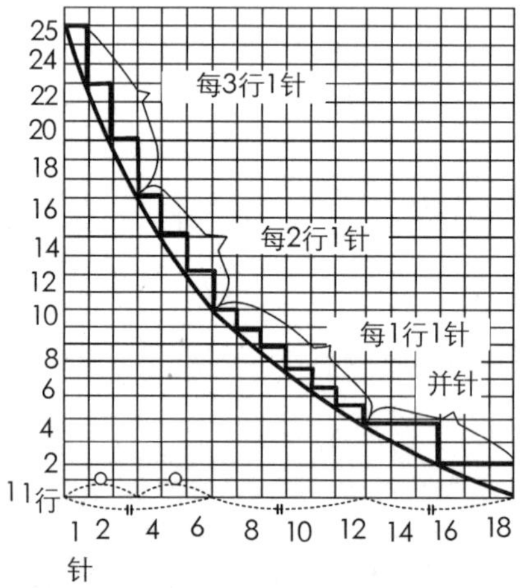


熟练掌握针数和行数的计算方法，任何设计作品的尺寸都可以换算为设计所需的尺寸，当然还可以自行设计使编织更简易化。

# 第八章　针编织工艺设计实例

# 第一节　编织符号和编织方法

编织符号是编织方法的记号，这些由符号组合而画成的符号图，能表示所见到的编织物的状态。如图：

编织符号　　机织方法　　手工编织方法

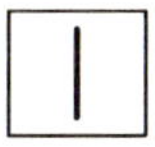

下针

下针

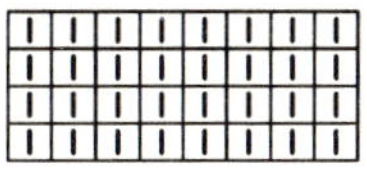

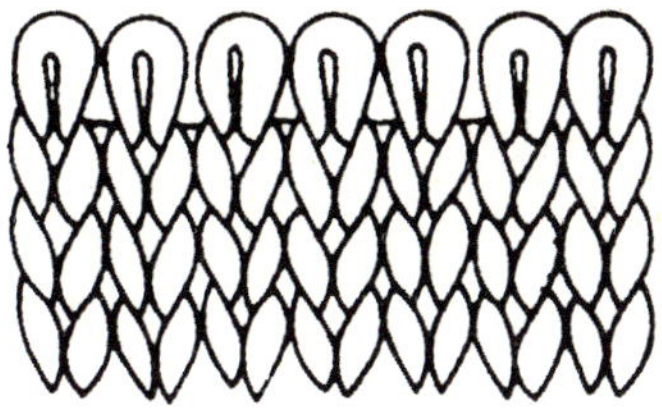

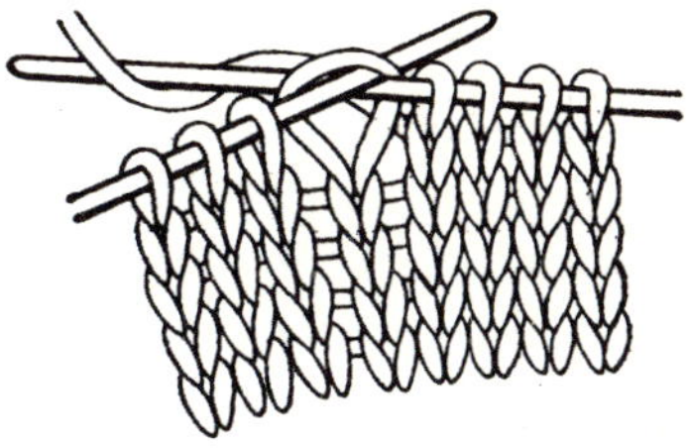

上针

上针

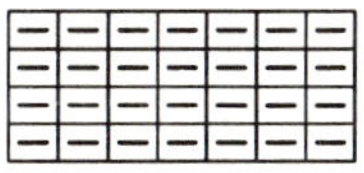

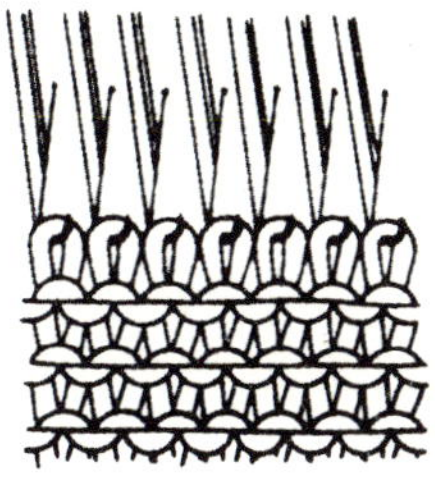

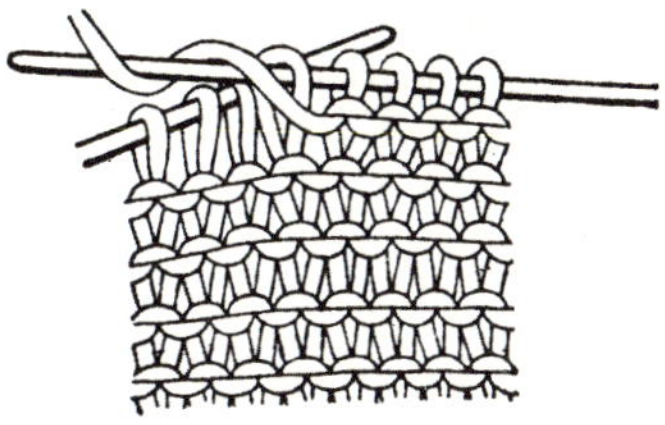

右加针

右加针

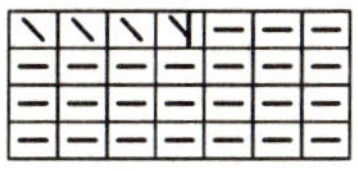

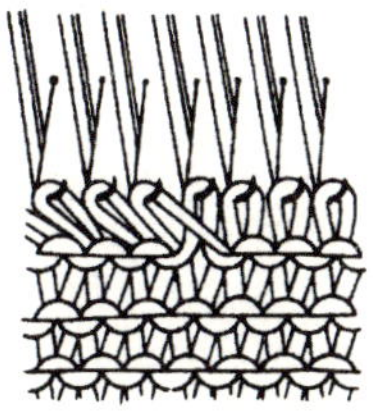

①

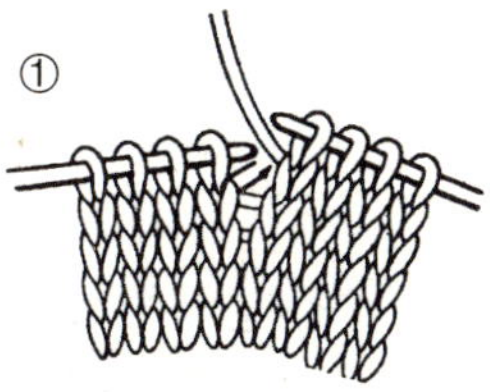

②

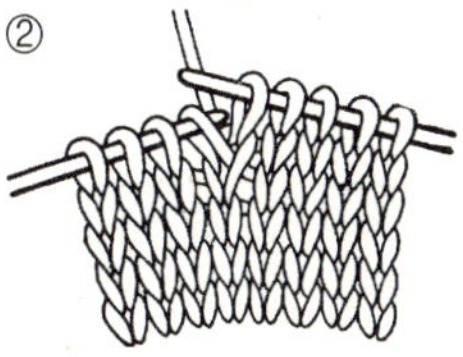

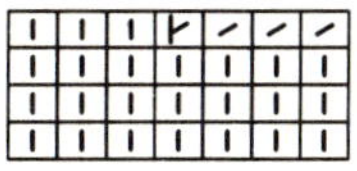

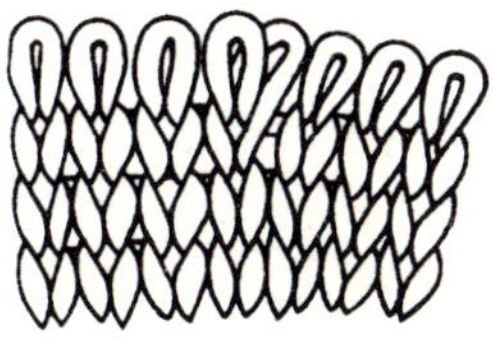

| 编织符号 | 机织方法 | 手工编织方法 |
|---|---|---|

 左加针

左加针

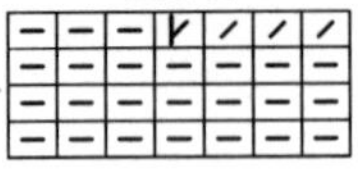

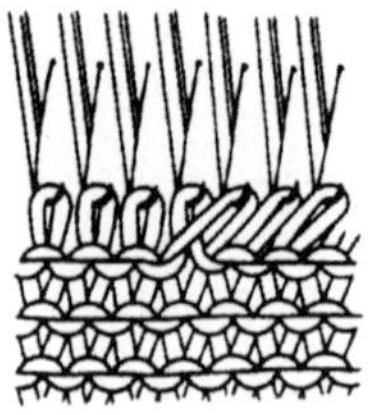

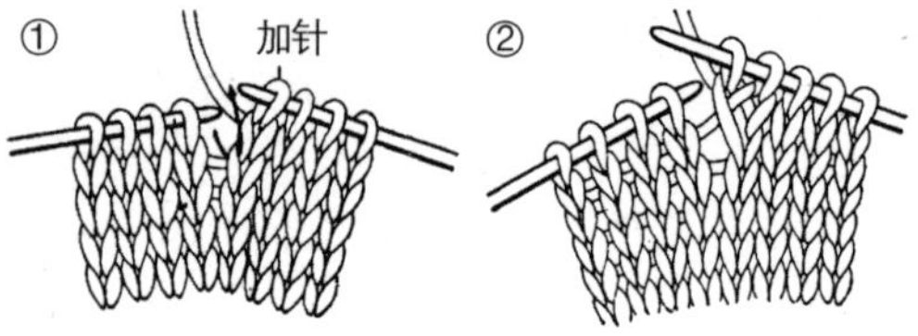


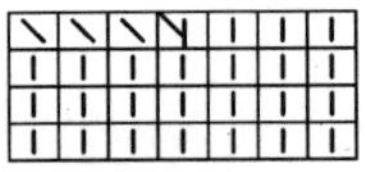

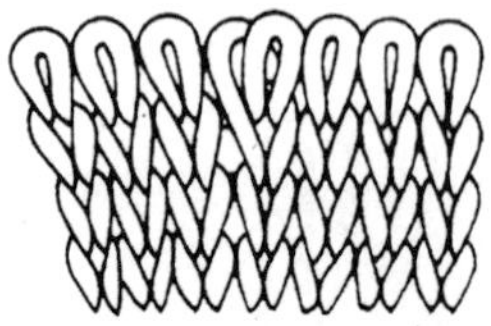

 右上2针并1针

右上2针并1针

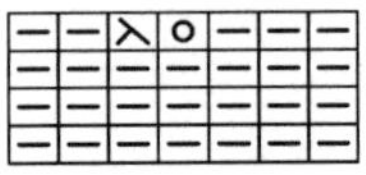

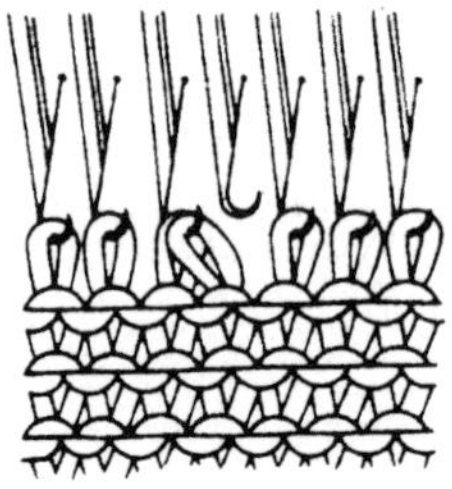

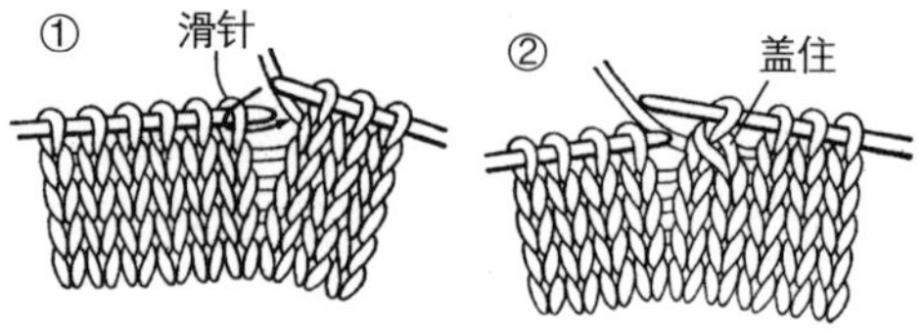


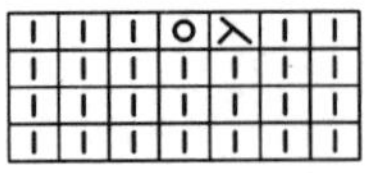

 左上2针并1针

左上2针并1针

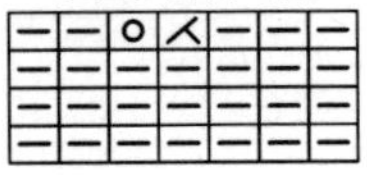

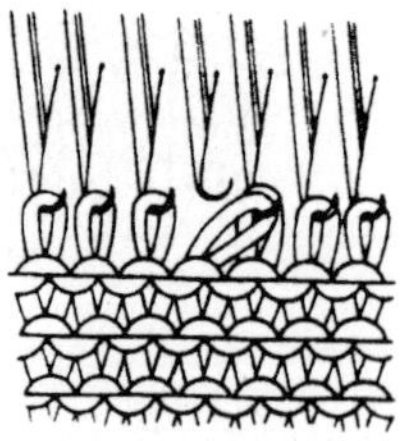

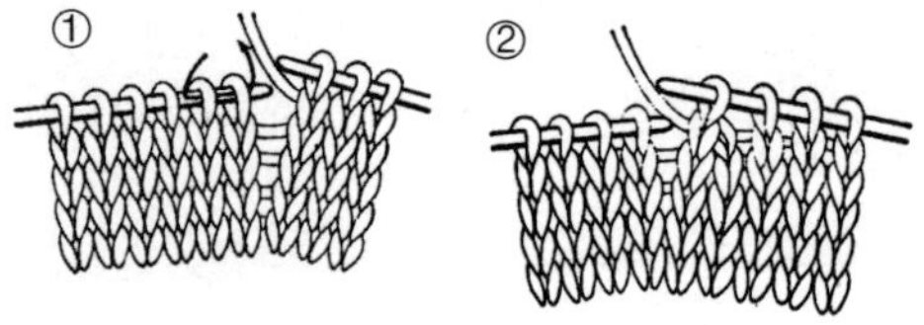


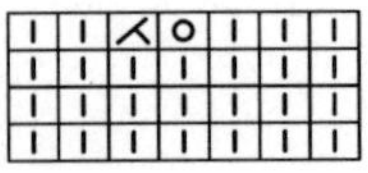

| 编织符号 | 机织方法 | 手工编织方法 |
| --- | --- | --- |

## 穴针

穴针

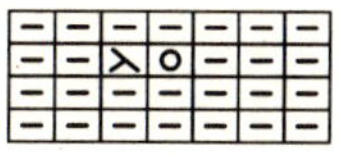

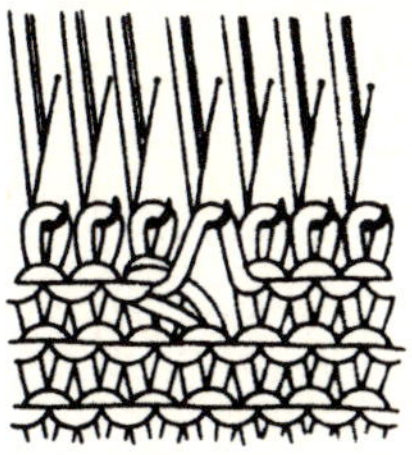

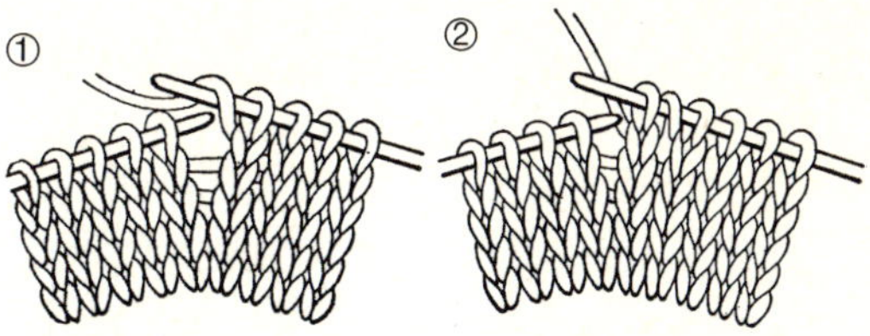


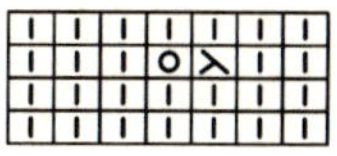

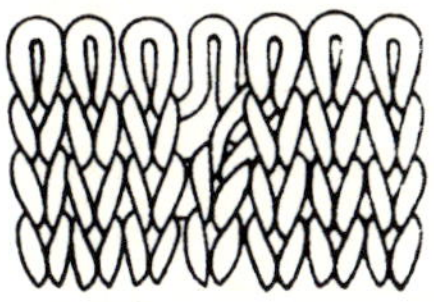

## 中上3针并1针

中上3针并1针

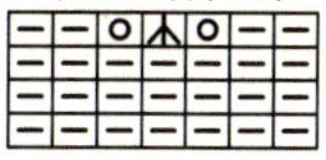

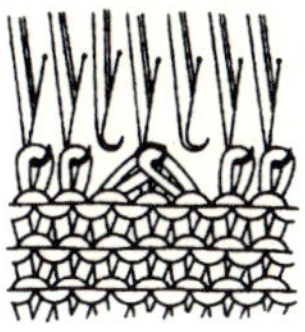

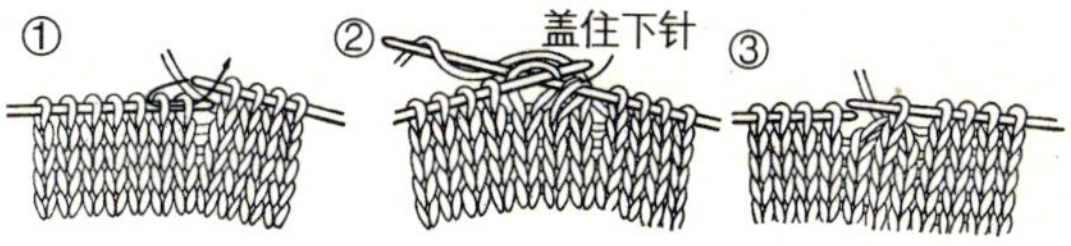


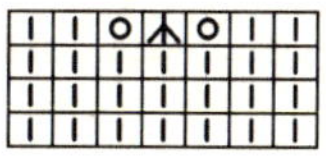

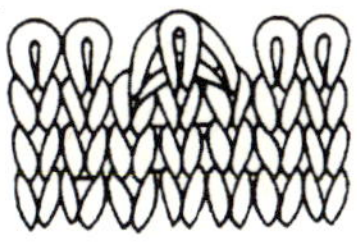

## 右上3针并1针

右上3针并1针

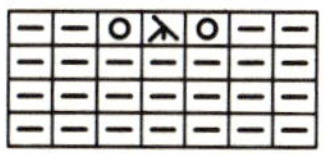

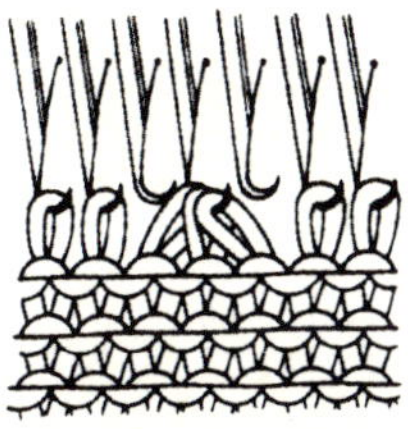

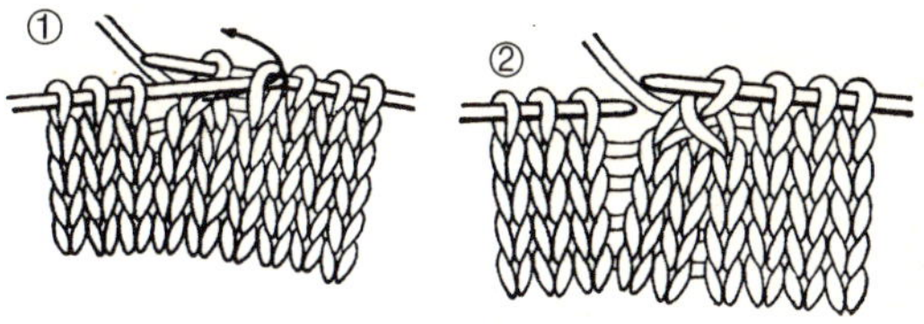


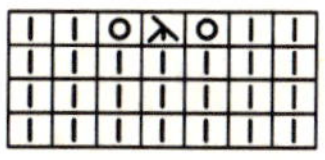

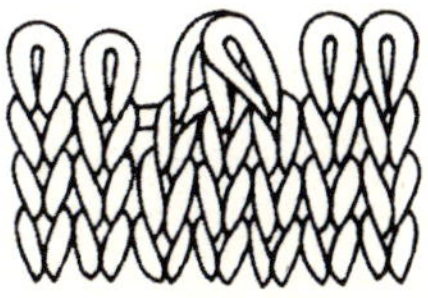

## 左上3针并1针

左上3针并1针

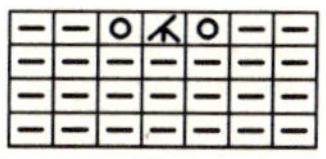

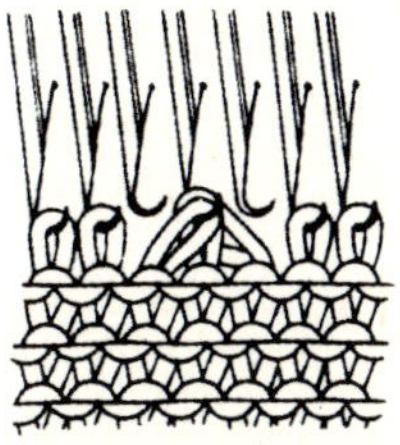

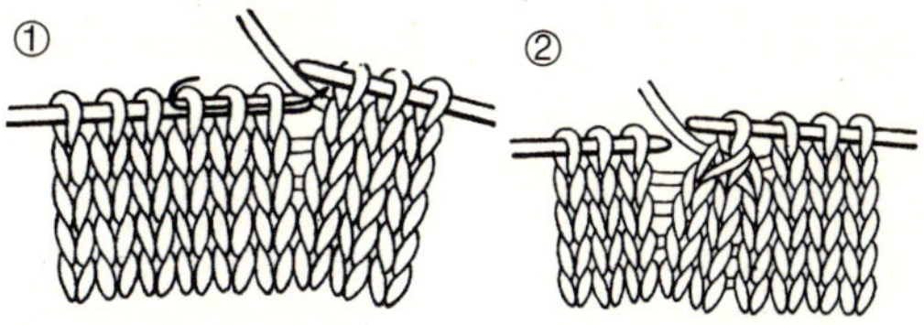


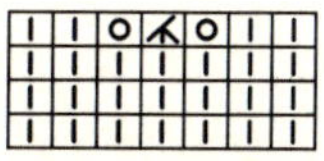

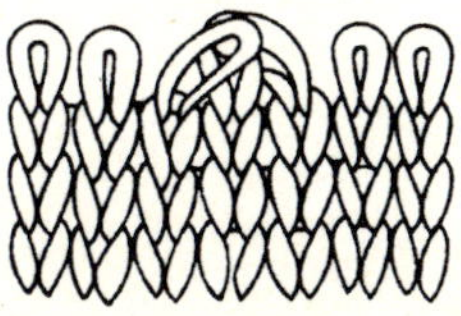

| 编织符号 | 机织方法 | 手工编织方法 |
|---|---|---|

右斜针

右斜针

| | | | | | | |
|---|---|---|---|---|---|---|
| ＼ | ＼ | ＼ | ＼ | O | — | — |
| — | — | — | — | — | — | — |
| — | — | — | — | — | — | — |
| — | — | — | — | — | — | — |

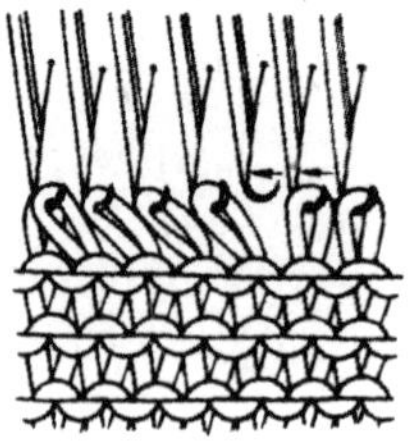

| | | | | | | |
|---|---|---|---|---|---|---|
| \| | \| | O | ／ | ／ | ／ | ／ |
| \| | \| | \| | \| | \| | \| | \| |
| \| | \| | \| | \| | \| | \| | \| |
| \| | \| | \| | \| | \| | \| | \| |

左斜针

左斜针

| | | | | | | |
|---|---|---|---|---|---|---|
| — | — | O | ／ | ／ | ／ | ／ |
| — | — | — | — | — | — | — |
| — | — | — | — | — | — | — |
| — | — | — | — | — | — | — |

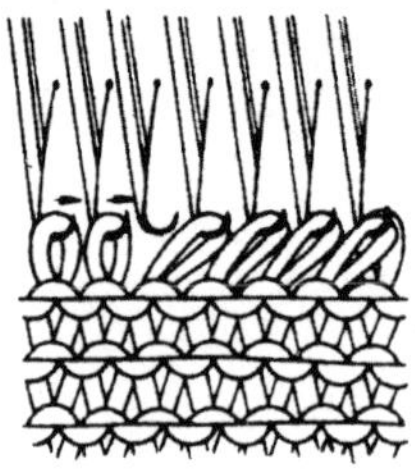

| | | | | | | |
|---|---|---|---|---|---|---|
| ＼ | ＼ | ＼ | ＼ | O | \| | \| |
| \| | \| | \| | \| | \| | \| | \| |
| \| | \| | \| | \| | \| | \| | \| |
| \| | \| | \| | \| | \| | \| | \| |

右上交叉

右上交叉

| | | | | | | |
|---|---|---|---|---|---|---|
| — | — | ╳ | | — | — | — |
| — | — | — | — | — | — | — |
| — | — | — | — | — | — | — |
| — | — | — | — | — | — | — |

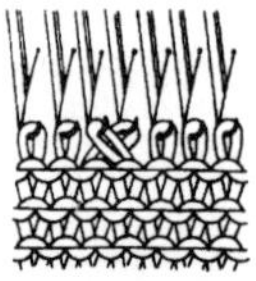

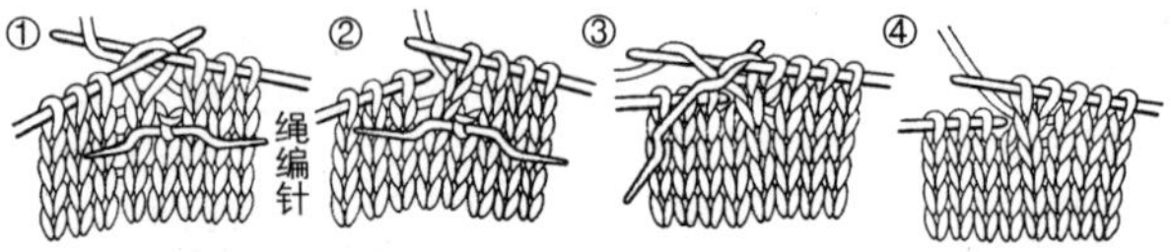


| | | | | | | |
|---|---|---|---|---|---|---|
| \| | \| | \| | ╳ | | \| | \| |
| \| | \| | \| | \| | \| | \| | \| |
| \| | \| | \| | \| | \| | \| | \| |
| \| | \| | \| | \| | \| | \| | \| |

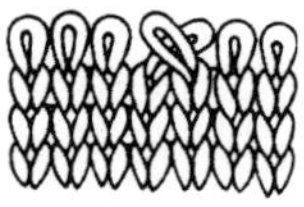

| 编织符号 | 机织方法 | 手工编织方法 |
|---|---|---|

左上交叉

左上交叉

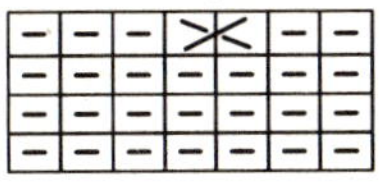

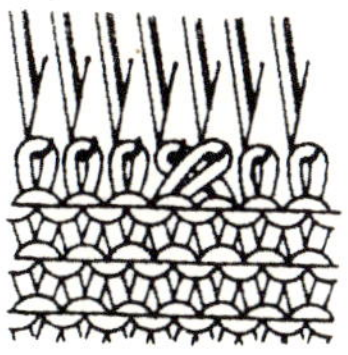

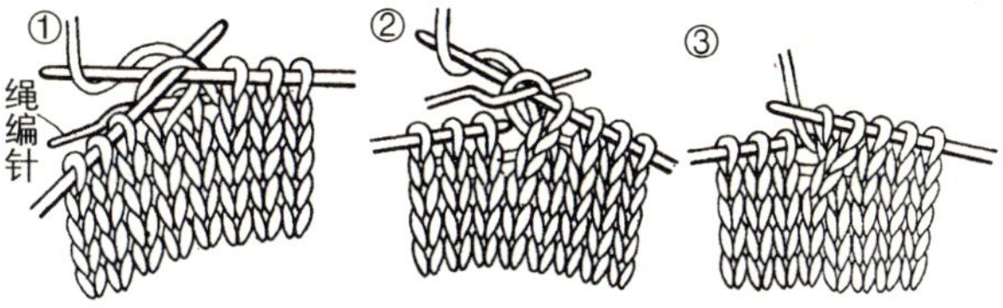


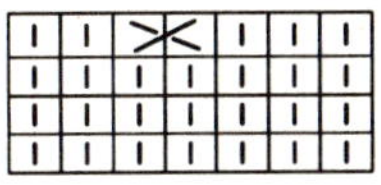

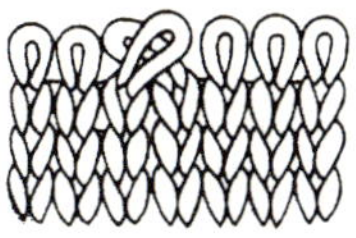

滑针

滑针

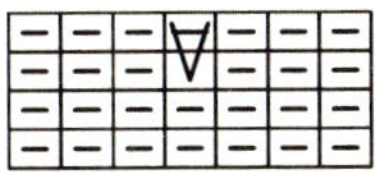

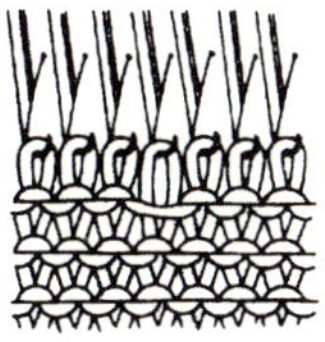

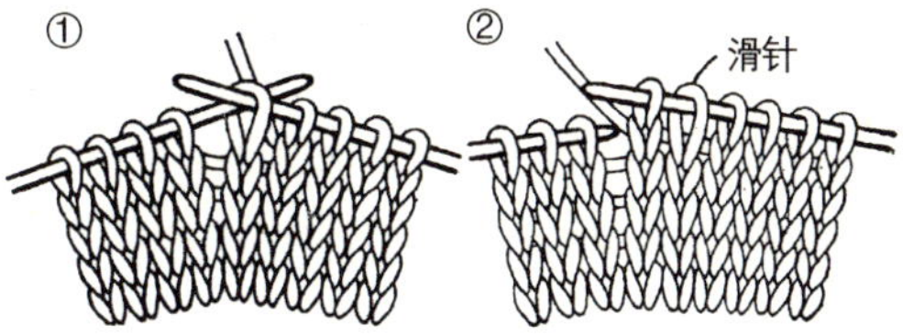


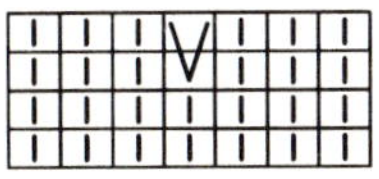

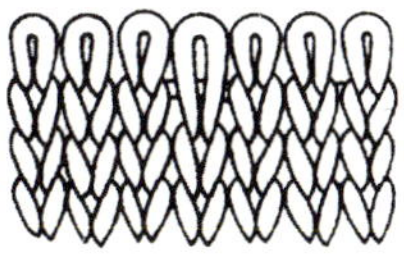

浮针

浮针

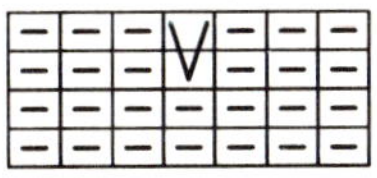

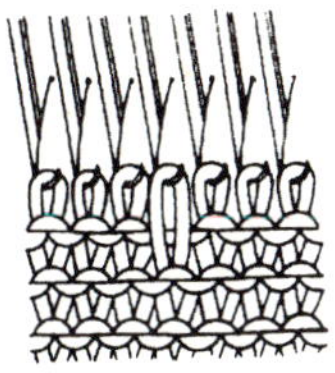

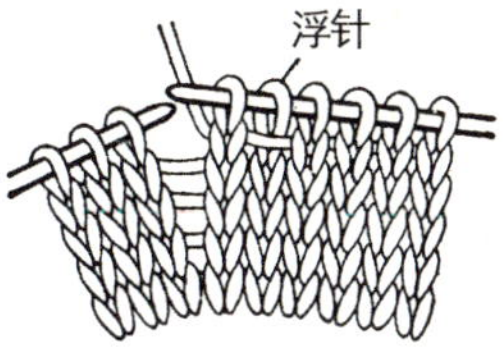


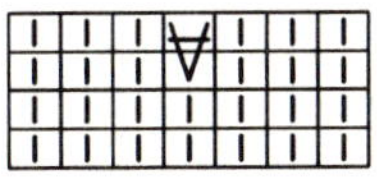

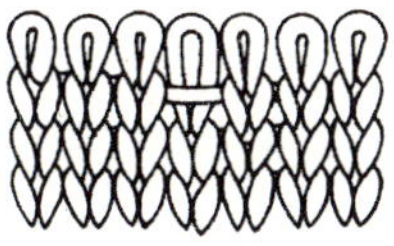

延伸针

延伸针

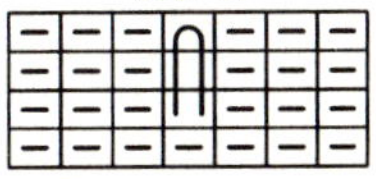

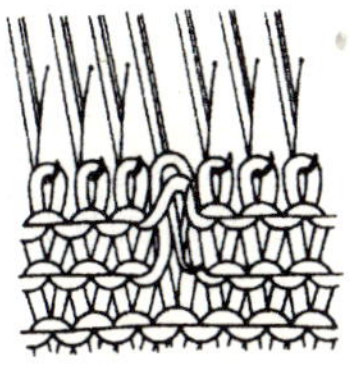

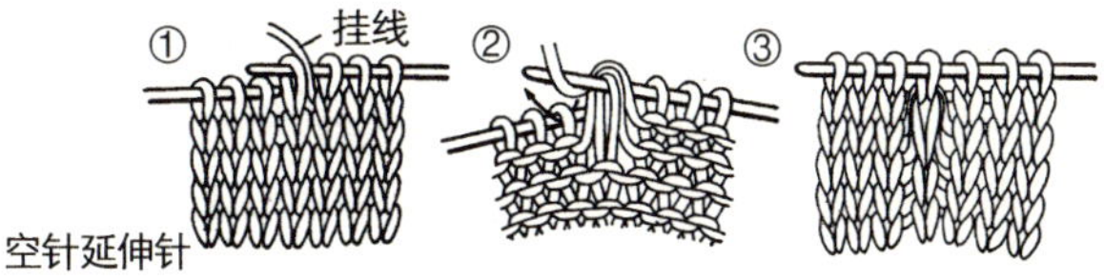


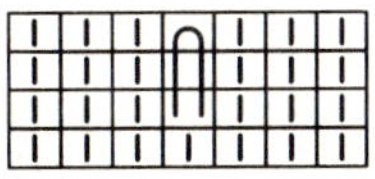

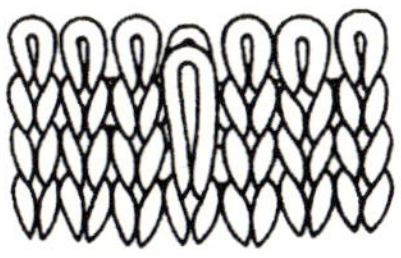

| 编织符号 | 机织方法 | 手工编织方法 |
|---|---|---|

扭绞延伸针

扭绞延伸针

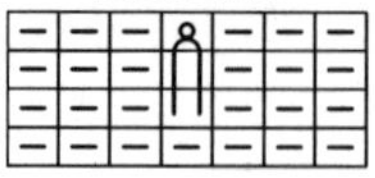

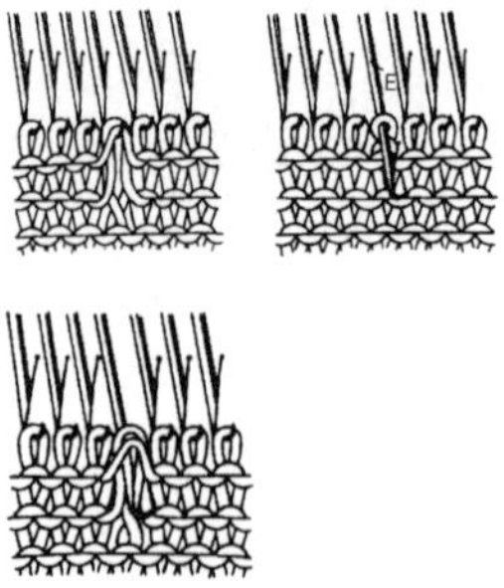

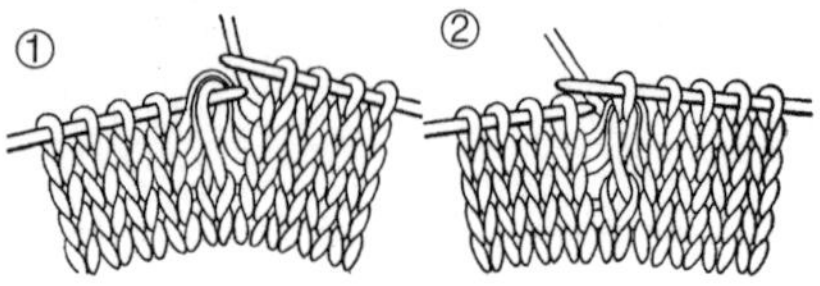


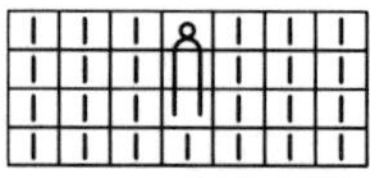

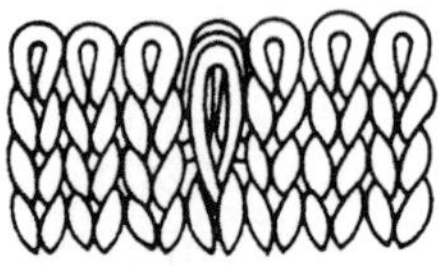

扭针

扭针

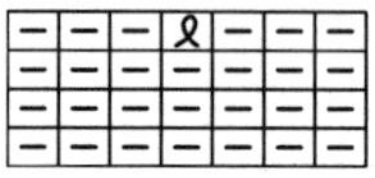

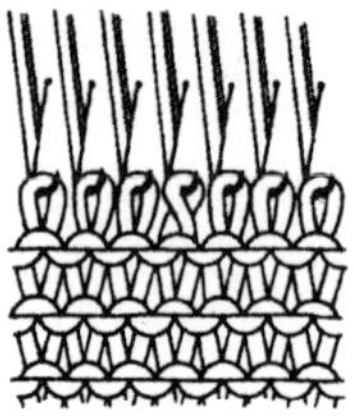

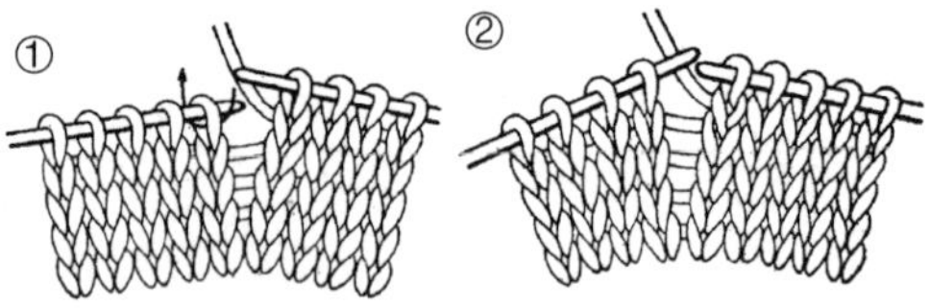


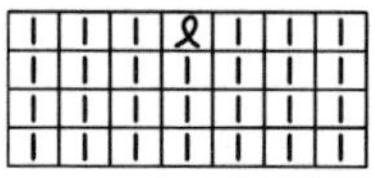

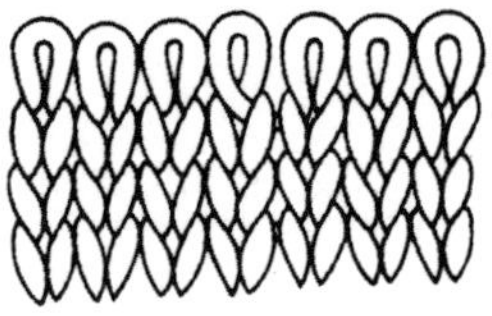

卷针

卷针

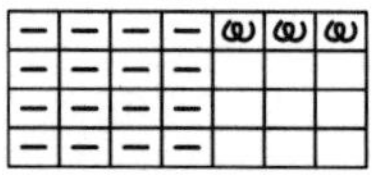

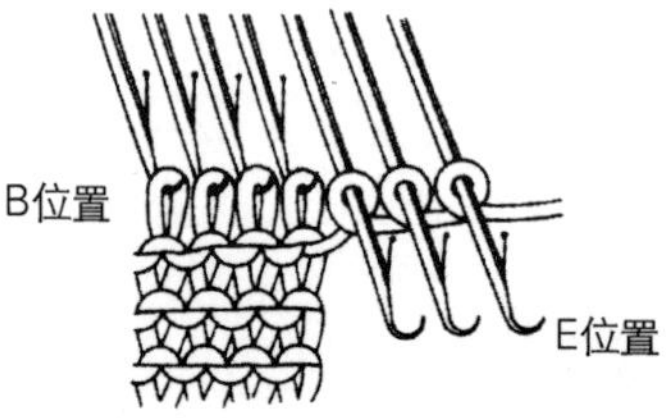


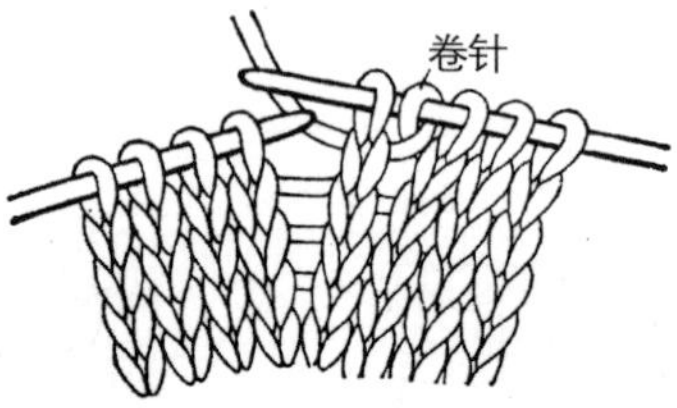

三加针

三加针

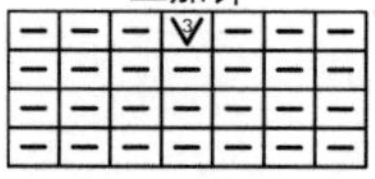

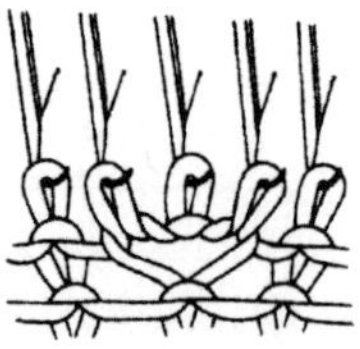

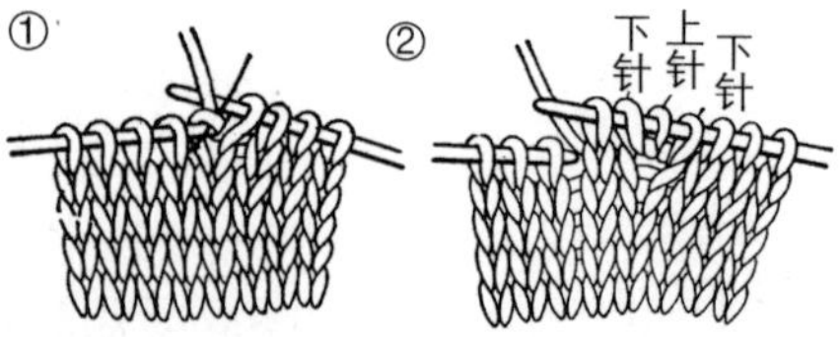


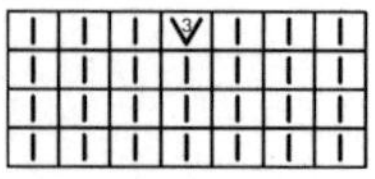

| 编织符号 | 机织方法 | 手工编织方法 |
| --- | --- | --- |

 左针交叉通过

左针交叉通过

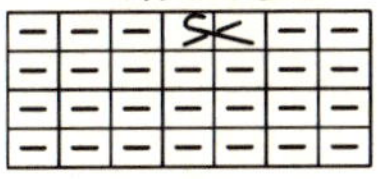

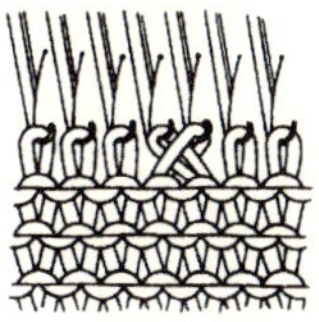

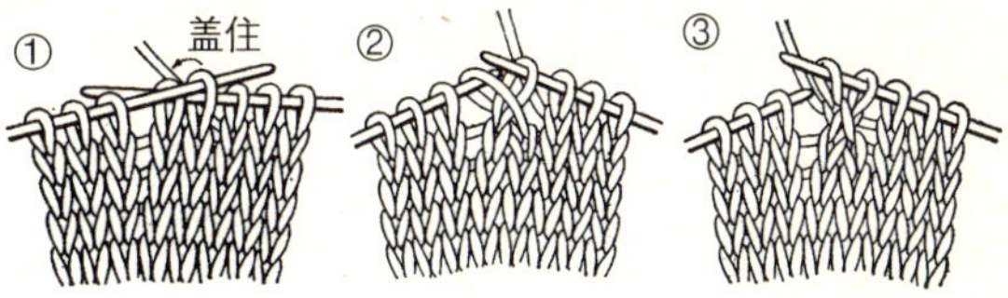


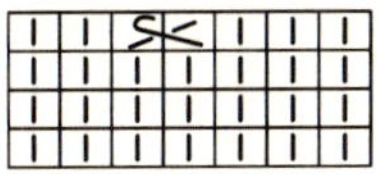

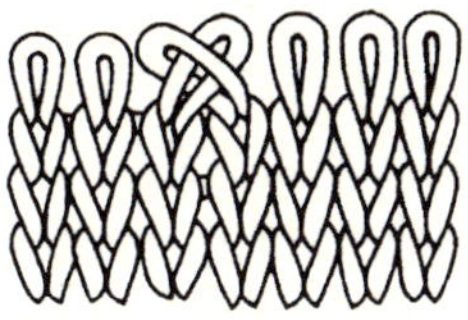

 右针交叉通过

右针交叉通过

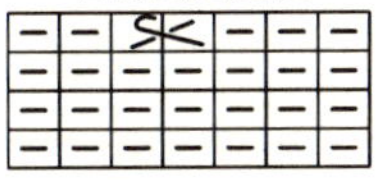

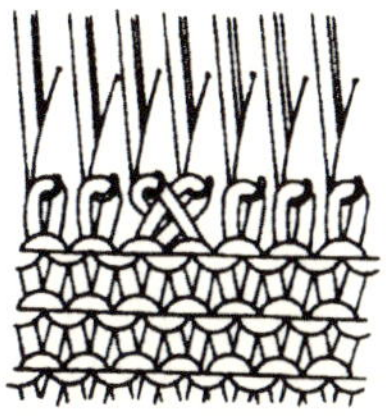

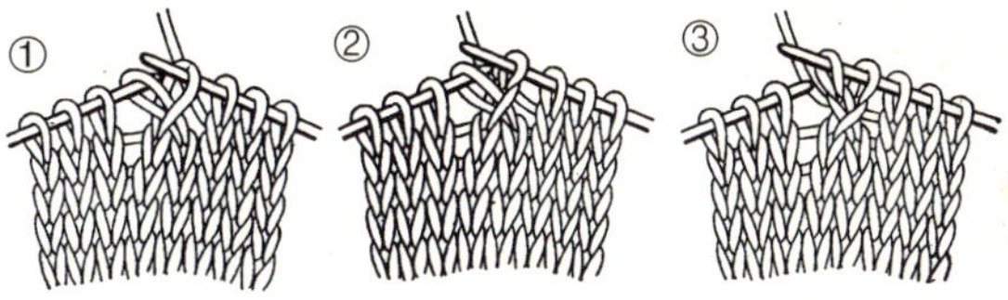


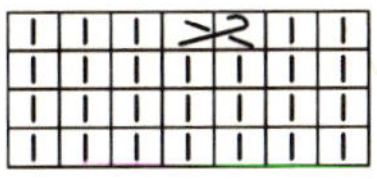

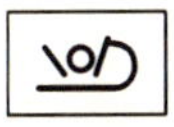 并针加针

并针加针

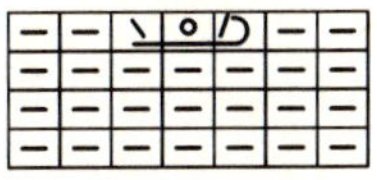

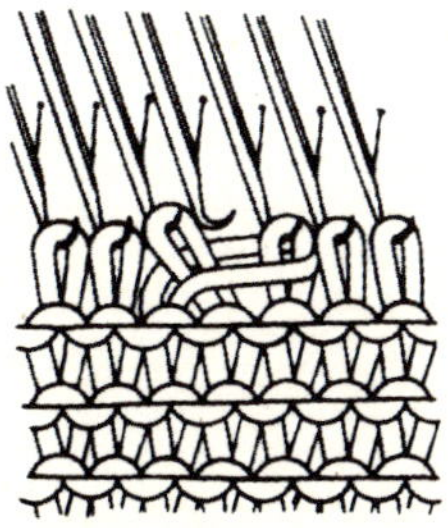

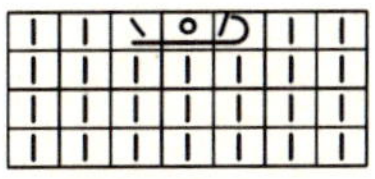

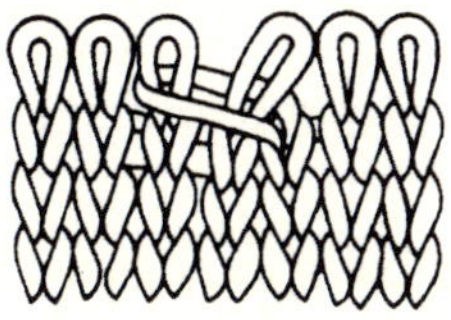

# 第二节　手工编织工艺设计

## 一、针的选择

针的粗细和编织线有关系，原则上是按照针和线的配合表进行选择，也可以配合服装品种和编织物的伸缩度来确定针的种类，以便调节编织线圈的强度。比如用棒针编织易拉大变形的连衣裙，应使用比同样线编织的上衣细一号的针。当然也有使用粗针编细线的，这种非常规选针也会给设计带来独特的趣味效果。常用针、线的搭配如图所示。

| 线的粗细 | 棒　针 | 钩　针 |
|---|---|---|
| 特　细 | 0～1号 | 0～3号（花边针） |
| 极　细 | 0～1号 | 0～3号（花边针） |
| 中　细 | 1～2号 | 2～3号 |
| 细 | 1～3号 | 2～4号 |
| 中　粗 | 3～5号 | 4～6号 |
| 极　粗 | 6～8号 | 6～8号 |
| 特　粗 | 8号以上 | 10号以上 |

## 二、实例：套头圆领毛衣

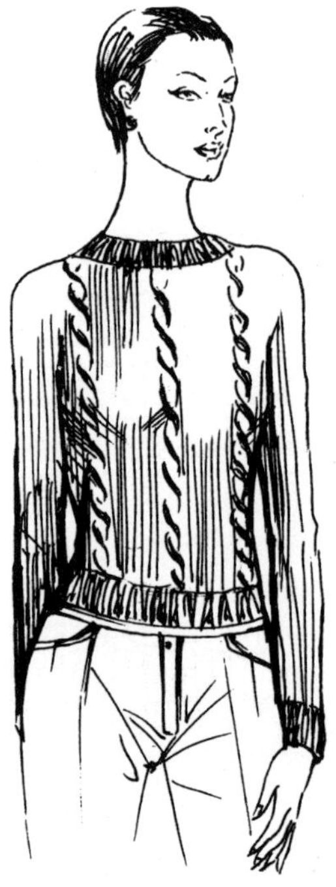

款式结构说明：图示的式样是套头式毛衣的基本样式，圆领领口、下摆、袖口采用罗纹编织，衣身两侧腰间收省，前衣身收胸省，前衣身设计绞花纹样。另设计者也可根据流行趋势和个人爱好自行设计款式，结构设计原理、方法不变。

**制图方法：**利用原型进行此款结构设计制图

**原型：**胸围 84 cm　背长 37 cm　肩宽 36 cm

**成衣尺寸：**胸围 88 cm　衣长 55 cm　肩宽 34 cm　袖长 53 cm

**编织用具：**2号4根棒针　4号4根棒针

**成衣用量：**中粗羊毛线约600克

**样片密度：**平针部分　横密 20针/10 cm　纵密 30行/10 cm

绞花部分　8针/4 cm

双罗纹部分　纵密 34行/10 cm

**针数和行数的推算：**按照样片密度推算，由于衣身左右对称，在推算时应当取双数。

### 1. 后衣身

**后身宽(针)：** $20/10 \times 44 = 88$（针）

**腰围宽(针)：** $20/10 \times 42 = 84$（针）

**后肩宽(针)：** $20/10 \times 34 = 68$（针）

**领口宽(针):** 20/10 × 16 = 32(针)
**侧缝 A(行):** 30/10 × 15 = 45(行)
**侧缝 B(行):** 30/10 × 10 = 30(行)
**袖笼深(行):** 30/10 × 17 = 51(行)
**落肩(行):** 30/10 × 3.5 = 10.5 → 10(行)
**后领窝深(行):** 30/10 × 1.5 = 4.5 → 4(行)

**侧缝 A 的加针**
**加针数:** (后身宽－腰围宽)÷2=(88－84)÷2=2(针)
**加针行数:** 45(行)
45 ÷ (2 + 1) = 15(行 / 针)
**整理后为:** 15 行无加减,每 15 行加 1 针 2 次。
**工艺上写法:** 15 行无加减
15 － 1 － 2

**侧缝 B 的减针**
**减针数:** 2 针
**减针行数:** 30 行
30 ÷ 2 = 15(行 / 针)
**整理后为:** 每 15 行减 1 针 2 次。
**工艺上写法:** 15 － 1 － 2

**后袖笼的减针**
**减针数:** (后身宽 － 后肩宽) ÷ 2 = (88 － 68) ÷ 2 = 10(针)
**减针行数:** 1/3 × 51 － 2(用于并针的行数) = 17 － 2 = 15(行)
**不加减的行数:** 51 － 15 = 36(行)
**整理后为:** 36 行无加减,每 2 行 3 针 1 次,每 1 行 1 针 3 次,每 2 行 1 针 2 次,每 3 行 1 针 2 次。
**工艺上写法:** 36 行无加减
3 － 1 － 2
2 － 1 － 2
1 － 1 － 3
2 － 3 － 1

**肩线的减针**
**减针数:** (后肩宽 － 领口宽) ÷ 2 = (68 － 32) ÷ 2 = 18(针)
**减针行数:** 10 行
**折回数:** 10 ÷ 2 = 5 次
18 ÷ (5 + 1) = 3(针 / 折回)
**整理后为:** 3 针不变动,每 2 行留 3 针 5 折回。
**工艺上写法:** 3 针不变动
2 － 3 － 5

**后领窝深的减针**

**收针数：** 32 × 2/3 = 21.33 → 20(针) 并针

**减针数：** (32 − 20) ÷ 2 = 6(针)

**减针行数：** 4 行，按照 2 行并针计算，4 ÷ 2 = 2(行)

6 ÷ 2 = 3(针 / 次)

**整理后为：** 每 2 行并 3 针 2 次。

**工艺上写法：** 2 − 3 − 2

**2. 前衣身**

**前身宽(针)：** 20/10 × 44 = 88(针)

**平针部分：** 44 − 3 × 4(绞花) = 44 − 12 = 32(cm)

20/10 × 32 = 64(针)

**绞花部分：** 8 × 3 = 24(针)

**前胸宽(针)：** 20/10 × 32 = 64(针)

**胸省的针数(针)：** 20/10 × 8 = 16(针)

**中心花形和两边花形的间隔(针)：** 20/10 × 3 = 6(针)

**袖笼深(行)：** 30/10 × 15 = 45(行)

**领窝深(行)：** 30/10 × 8 = 24(行)

**前袖笼的减针**

**减针数：** (前身宽 − 前胸宽) ÷ 2 = (88 − 64) ÷ 2 = 12(针)

**减针行数：** 1/3 × 45 = 15(行)

**整理后为：** 每 2 行 3 针 2 次，每 1 行 1 针 3 次，每 2 行 1 针 2 次，每 3 行 1 针 1 次，共 14 行。

**工艺上写法：** 3 − 1 − 1

2 − 1 − 2

1 − 1 − 3

2 − 3 − 2

**前袖笼的加针**

**加针数：** (肩宽 − 前胸宽) ÷ 2 = (68 − 64) ÷ 2 = 2(针)

**加针行数：** 45 − 14 = 31(行)

31 ÷ (2 + 1) = 10(行)，余 1 行

**不加减的行数：** 45 − 14 − 10 = 11(行)

**整理后为：** 11 行无加减，每 10 行 1 针 2 次。

**工艺上写法：** 11 行无加减

10 − 1 − 2

**胸省的折回减针**

**减针行数：** 30/10 × 2.5 = 7.5 → 8(行)

**折回次数：** 8 ÷ 2 = 4(次)

**减针数：** 16(针)

**整理后为：** 每 2 行留 4 针折回 4 次。

**工艺上写法：** 2 − 4 − 4

**前肩线的减针**

**减针数：**（肩宽－领口宽）÷ 2 ＝（68－32）÷ 2 ＝ 18（针）

**减针行数：** 10 行

**折回数：** 10 ÷ 2 ＝ 5 次

18 ÷（5＋1）＝ 3（针 / 折回）

**整理后为：** 3 针不变动，每 2 行留 3 针 5 折回。

**工艺上写法：** 3 针不变动

2－3－5

**前领窝的减针**

**收针数：** 1/3×领口宽＝10（针）留针

**减针数：**（32－10）÷ 2 ＝ 11（针）

**整理后为：** 每 2 行 2 针 2 次，每 1 行 1 针 3 次，每 2 行 1 针 2 次，每 3 行 1 针 2 次。

**无加减的行数：** 24－17 ＝ 7（行）

**工艺上写法：** 7 行无加减

2－2－2

1－1－3

2－1－2

3－1－2

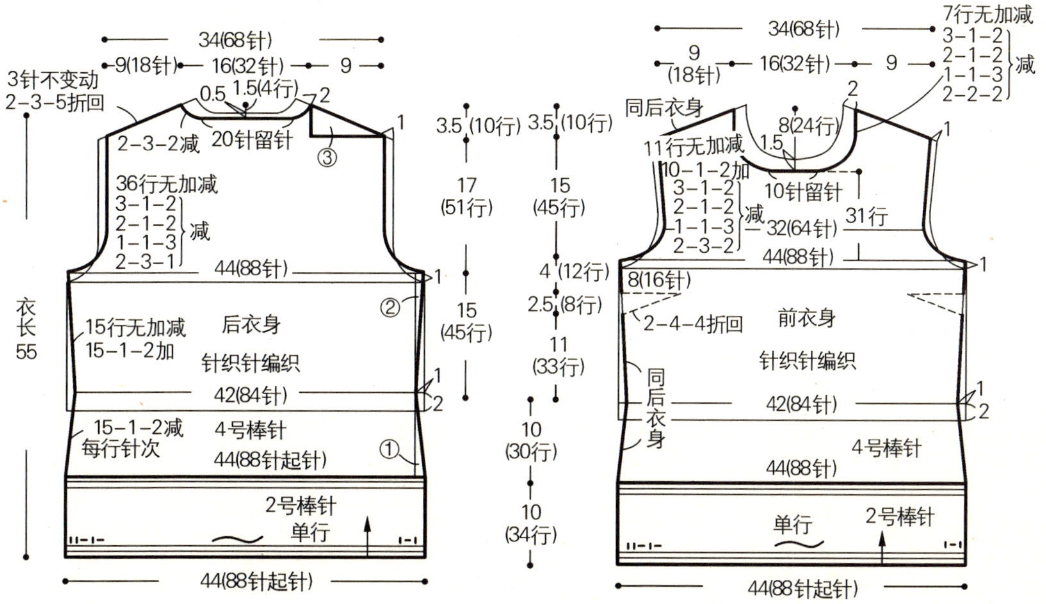


### 3. 袖子

**袖宽(针)：** 20/10 × 30 ＝ 60（针）

**袖口宽(针)：** 20/10 × 20 ＝ 40（针）

**袖山宽(针)：** 20/10 × 6 ＝ 12（针）

**袖山高(行)：** 30/10 × 13 ＝ 39 → 40（行）

**袖下长(行)：** 30/10 × 34 ＝ 102（行）

**袖下加针**

**加针数：**（袖宽－袖口宽）÷2＝（60－40）÷2＝10（针）

102÷10＝10（行）余2行

**整理后为：**2行无加减，每10行1针10次。

**工艺上写法：**2行无加减

10－1－10

**袖山弧线减针**

**减针数：**（袖宽－袖山宽）÷2＝（60－12）÷2＝24（针）

（3＋2）×2＝10（针）　24－10＝14（针）

**收针行数：** 2×4＝8（行）

**减针行数：**40－8＝32（行）

32÷14＝2（行）余4行

**整理后为：**每2行3针1次，每2行2针1次，每2行1针5次，每3行1针4次，每2行1针5次，每2行2针1次，每2行3针1次。

**工艺上写法：**2－3－1

2－2－1

2－1－5

3－1－4

2－1－5

2－2－1

2－3－1

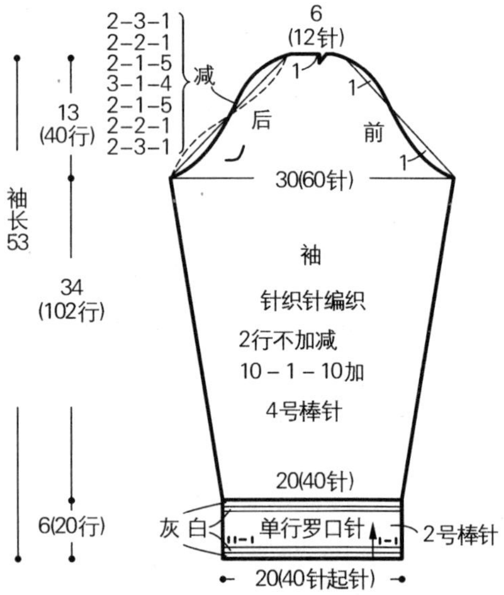


**4. 领和罗纹收口**

**下摆罗纹长（行）：** 34/10×10＝34（行）

**领口罗纹长（行）：** 34/10×16＝54.4→55（行）

**袖口罗纹长（行）：** 34/10×6＝20.4→20（行）

**5. 领的挑针数**

由于领子编的是环形编织的罗纹，因此挑针数应能被2、4整除。

挑针的分配：一般前领86针，前中心16针，曲线部分两边各2等分，后领52针，后中心30针。可根据设计要求自定尺寸。

**6. 编织要领**

此款可以罗纹起针法2号棒针起针，起针时要注意两侧的线套在缝合后仍能够保持罗纹花样的连续性。编出罗纹的下摆，再换以4号棒针进行平针编织。两侧最边上的线套是要缝合的，必须要保持线套不能伸展。加减针时要保持线套的平整。肩斜用折回编织。领窝编到留针部位时，将要留针的线套用卡针固定住，不让它脱散。继续编有续线的一边，同时进行肩斜的折回针和领窝编织。这边编完后，留一根棒针在线套上，不要让它脱散，续线在领的中间收针，并编完剩下的一边。以同样的方法编完两个衣片后，用缝针把两片的肩线缝合，并按针法将衣片缝合。随后在领窝上挑针编领子，收口时应对照罗纹的收边方法用缝针完成。最后用缝衣针拼缝，并用蒸气熨斗在反面熨烫。

# 第三节　机织工艺设计

## 实例：V 领背心

款式结构说明：图示的式样是一种 V 形鸡心领编进花样的基本型背心样式，V 领领口、下摆、袖笼采用罗纹编织，前衣身收胸省，前后衣身设计空花纹样。另设计者也可根据流行趋势和个人爱好自行设计款式，如加装饰，在制图时应考虑进去，以确定领口深度，结构设计原理、方法不变。

**制图方法：** 利用原型进行此款结构设计制图

**原型：** 胸围 84 cm　　背长 37 cm　　肩宽 36 cm

**成衣尺寸：** 胸围 84 cm　　衣长 50 cm　　肩宽 30 cm　　前胸宽 27 cm

**编织用具：** 手动编织机（包括普及型卡片式手动编织机和电脑式手动编织机）

**成衣用量：** 细羊毛线约 250～300 克

**样片密度：** 带花样部分　　横密 30 针/10 cm　　纵密 40 行/10 cm

单罗纹部分　　纵密 46 行/10 cm

针数和行数的推算：按照样片密度推算，由于单罗纹编 V 领要在前领中心的 1 针上，在推算时应当取单数。

### 1. 后衣身

**后身宽(针)：** 30/10 × 42 = 126(针) + 1 = 127(针)

**后肩宽(针)：** 30/10 × 30 = 90(针) − 1 = 89(针)

**领口宽(针)：** 30/10 × 14 = 42(针) − 1 = 41(针)

**后领窝深(行)：** 40/10 × 1.5 = 6(行)

**落肩(行)：** 40/10 × 3.5 = 14(行)

**侧缝长(行)：** 40/10 × 17 = 68(行)

**袖笼深(行)：** 40/10 × 21.5 = 86(行)

**后袖笼的减针**

**减针数：**（后身宽 − 后肩宽）÷ 2 = (127 − 89) ÷ 2 = 19(针)

去除 6 针为留针后，减针数为 19 − 6 = 13(针)

**整理后为：** 6 针留针，每 1 行减 1 针 6 次，每 2 行减 1 针 4 次，每 3 行减 1 针 3 次，共计 24 行。

**无加减行数：** 86 − 24 = 62(行)

**工艺上写法：** 62 行无加减

3 − 1 − 3

2 − 1 − 4

1 − 1 − 6

**肩线的减针**

**减针数：**(后肩宽 − 领口宽) ÷ 2 = (89 − 41) ÷ 2 = 24(针)

**减针行数：**14 行

**折回数：** 14 ÷ 2 = 7(折回)

**整理后为：**3 针不变动，每 2 行留 3 针 7 折回。

**工艺上写法：**3 针不变动

2 − 3 − 7

**后领窝的减针**

**收针数：** 41 × 2/3 = 27.3 → 28(针) + 1 = 29(针)　为了使后领左右对称的 1 针

**减针数：** (41 − 29) ÷ 2 = 12 ÷ 2 = 6(针)

**减针行数：**6 行

**整理后为：**每 2 行减 3 针 1 次，每 2 行减 2 针 1 次，每 2 行减 1 针 1 次，共计 6 行。

**工艺上写法：** 2 − 1 − 1

2 − 2 − 1

2 − 3 − 1

## 2. 前衣身

**前身宽(针)：** 30/10 × 42 = 126(针) + 1 = 127(针)

**前肩宽(针)：** 30/10 × 30 = 90(针) − 1 = 89(针)

**前胸宽(针)：** 30/10 × 27 = 81(针)

**袖笼深(行)：** 40/10 × 19.5 = 78(行)

**前领窝深(行)：** 40/10 × 23 = 92(行)

**前袖笼的减针**

**减针数：**(前身宽 − 前肩宽) ÷ 2 = (127 − 81) ÷ 2 = 23(针)

去除 8 针为留针后，减针数为 23 − 8 = 15(针)

**整理后为：** 8 针留针，每 1 行减 1 针 8 次，每 2 行减 1 针 4 次，每 3 行减 1 针 3 次，共计 26 行。

**工艺上写法：**8 针留针

3 − 1 − 3

2 − 1 − 4

1 − 1 − 8

**前袖笼的加针**

**加针数：**(前肩宽 − 前胸宽) ÷ 2 = (89 − 81) ÷ 2 = 4(针)

78 − 78 × 1/3(前胸宽的位置) = 52(行)

**整理后为：**每 13 行加 1 针 3 次，13 行无加减。

**工艺上写法：**13 行无加减

13 − 1 − 3

**前领窝减针**

**减针数：** (41 − 1) ÷ 2 = 20(针)

**不加减行数：** 40/10 × 2 = 8(行)

**减针行数**：92－8＝84(行)

84÷20＝4(行/次)余4行

**整理后为**：8行无加减，每5行减1针4次，每4行减1针16次。

**工艺上写法**：8行无加减

5－1－4

4－1－16

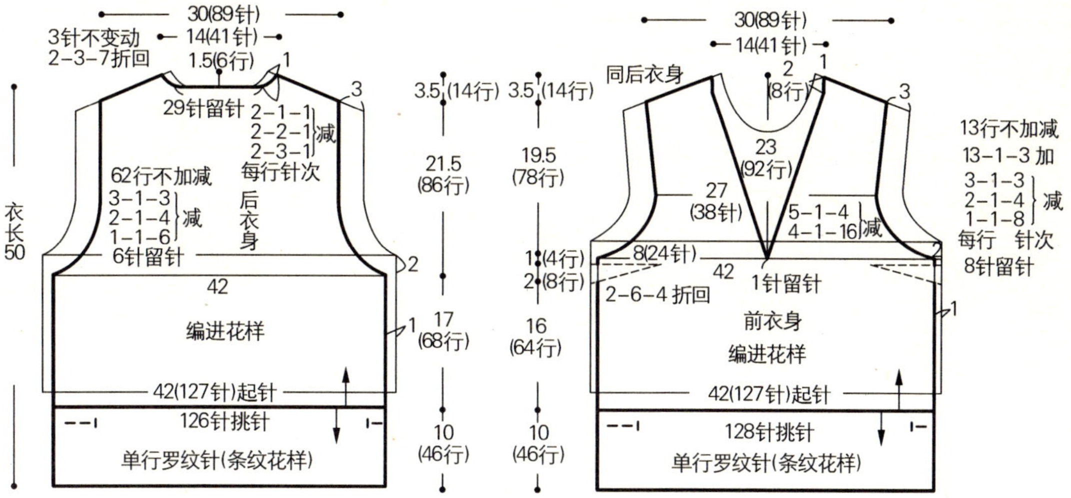


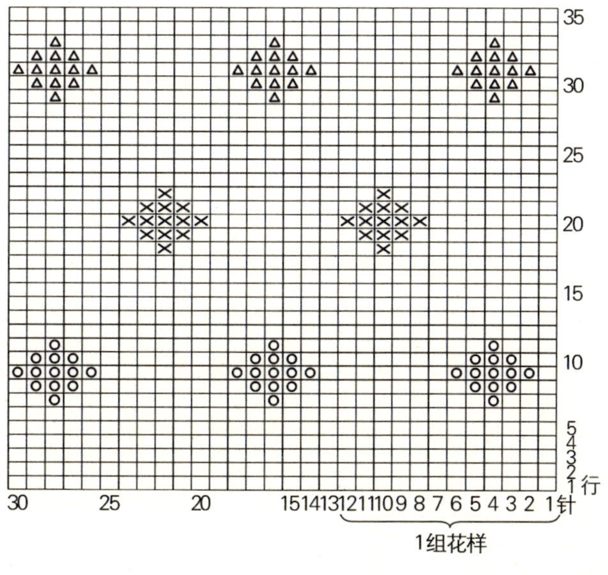


### 3. 领和罗纹收口

**下摆双罗纹长(行)**：46/10×10＝46(行)

**领口、袖口单罗纹宽(行)**：46/10×2＝9.6→10(行)

### 4. 领的挑针

针数基本上按照每行1针来进行，由于行数的密度值大，这样挑出的针数会显得过密，所以要减掉一些针数。挑针的分配：一般在200以内，前领每边80针，前中心1针留针，后领47针，后中心1针留针，曲线部分两边等分。

**5. 编织要领**

此款可以罗纹起针法起针，要注意两侧的线套在缝合后仍能够保持罗纹花样的连续性。肩斜用折回编织。领口编到减针部位时，将中心 1 针的线套用另线固定住，不让它脱散。继续编有续线的一边，并按行数要求织两针并一针。减针总在织物的正面进行。最后用缝衣针按单罗纹收边法收口，拼缝，并用蒸气熨斗在反面熨烫。V 领的罗纹编完后，为了使领边在熨烫时能保持平整，编织排数要比样板多 2 至 3 排。

# 第四节　饰品图例

**机编帽子**

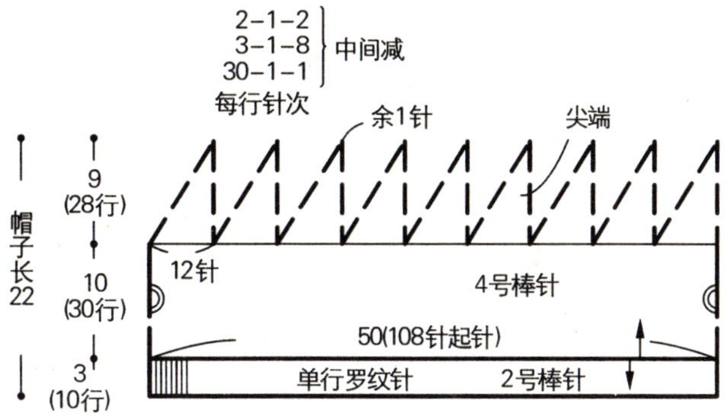


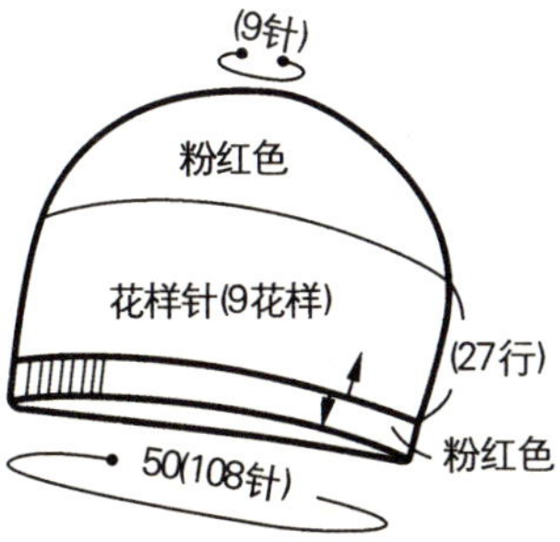


- 粉红色
- 橙色
- 红色
- 蓝色
- 2针并1针的减针符号

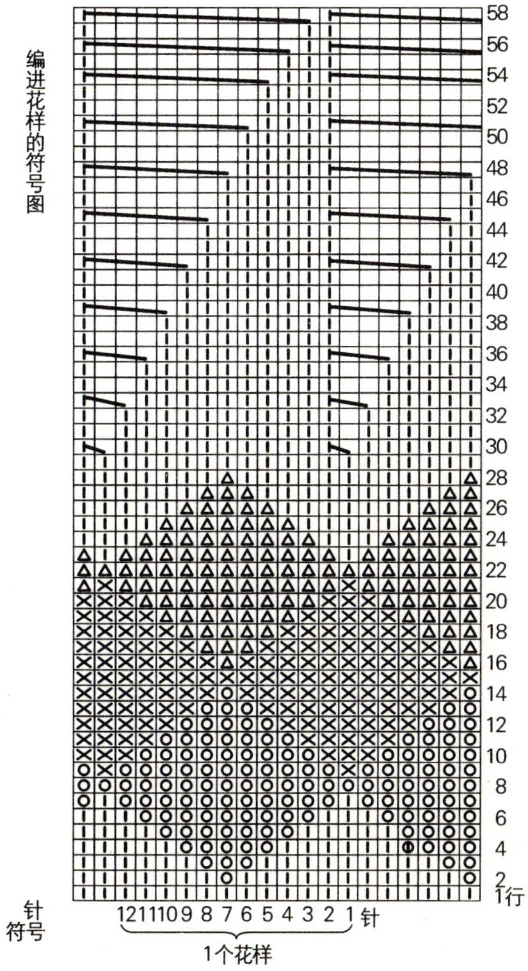

**机编围巾**

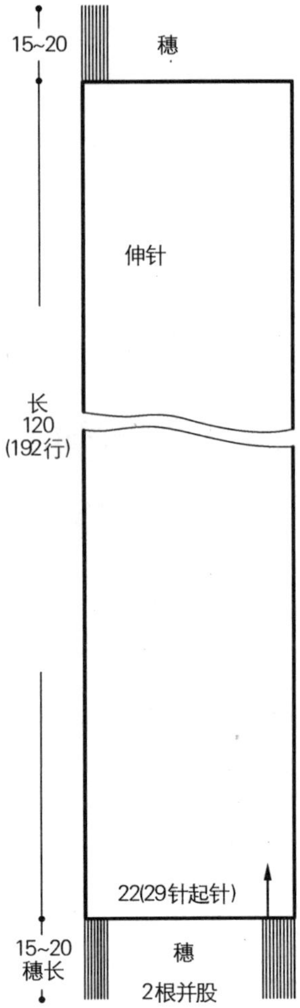
15~20
穗
伸针
长
120
(192行)
22(29针起针)
15~20
穗长
穗
2根并股

**手编手套**

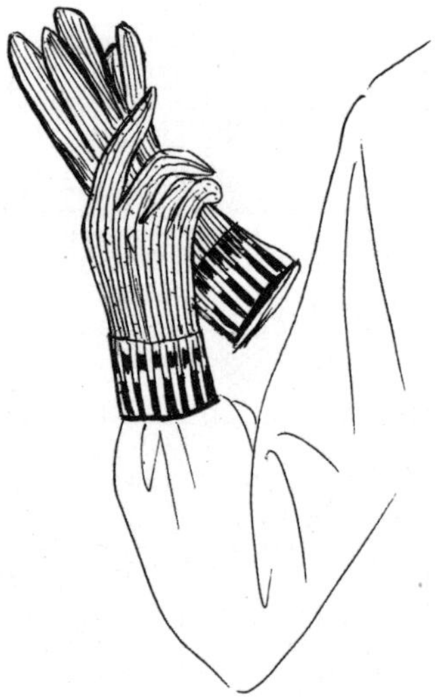

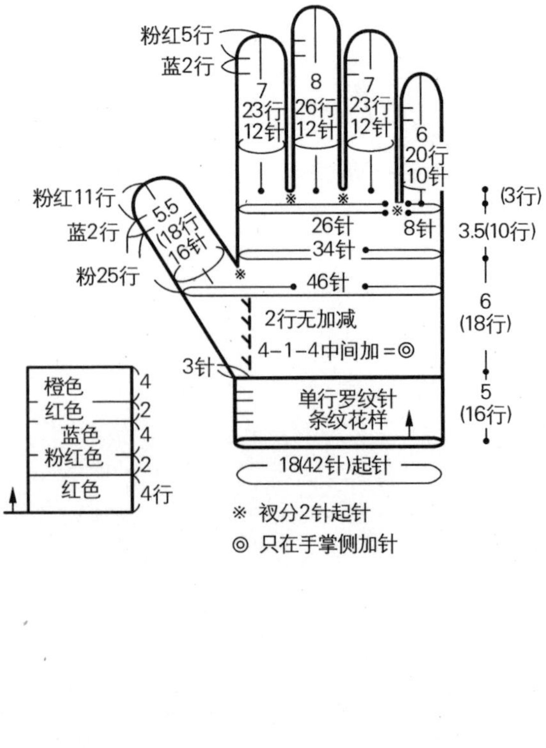
粉红5行
蓝2行
7
23行
12针
8
26行
12针
7
23行
12针
6
20行
10针
(3行)
粉红11行
蓝2行
5.5
(18行
16针
26针
8针
3.5(10行)
34针
粉25行
46针
6
(18行)
2行无加减
4-1-4中间加＝◎
3针
5
(16行)
单行罗纹针
条纹花样
18(42针)起针
橙色 4
红色 2
蓝色 4
粉红色 2
红色 4行
※ 衩分2针起针
◎ 只在手掌侧加针

**机编袜子**

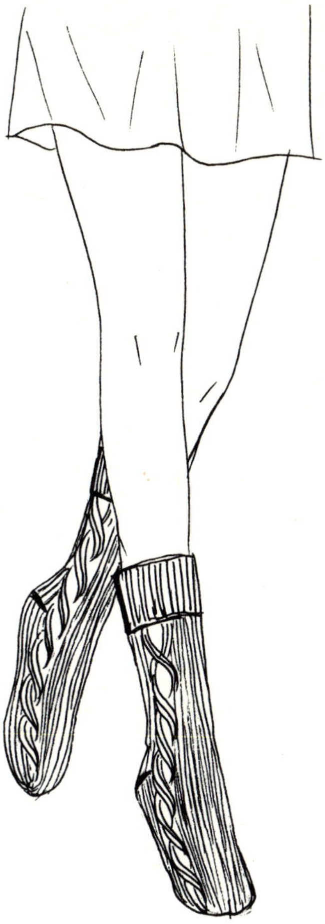

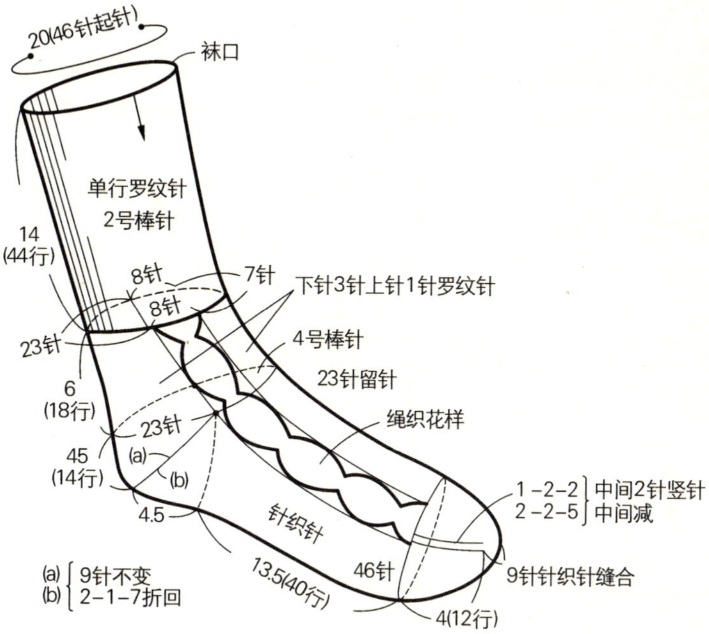
20(46针起针)
袜口
单行罗纹针
2号棒针
14
(44行)
8针
7针
8针
下针3针上针1针罗纹针
23针
4号棒针
23针留针
6
(18行)
绳织花样
23针
45
(14行)
(a)
(b)
4.5
针织针
1-2-2
2-2-5
中间2针竖针
中间减
46针
9针针织针缝合
13.5(40行)
4(12行)
(a) 9针不变
(b) 2-1-7折回

# 第九章　针编织服装工艺流程及管理

## 一、 针编织服装工艺流程

工艺设计正确与否，将直接影响成品的质量，如产品的规格尺寸、重量、外观式样、手感、风格等，同时也会影响生产效率的提高。因此在设计工艺时，既要保证产品质量，又要考虑节约用料，方便操作，提高生产效率。

通常针编织服装设计工艺流程为：

设计——定稿（定原料、组织、机型）——络纱——织小样——定密度——编织计算——确定编织图——编织——衣片（罗纹）——翻针——衣身——收放针——下机——袖片——裁剪——锁边——缝合——缩绒——水洗——特殊装饰——钮扣——整理——成衣。

## 二、 针编织服装的管理

松紧自如，穿着方便，感觉舒服而难于放弃的针编织服装，它也有容易变形的缺点，因此，认真管理服装是很必要的。由于编织品是用同一条整线织成的，所以它也具有容易再加工的更新特点。学习编织时应充分利用它的特点，熟练掌握处理、洗涤、保管、更新的方法。

### 1. 处理

在编织孔被拉长了的情况下的处理是：用蒸气熨斗把针孔烫平复原。如熨后不能缩回原状，就要把衣物全部放进温水中，干了以后再熨平。在抽缩变小处理时，由于洗涤的方法不当，把材料洗成毯子状，可以将针编织物放在熨台上铺平，按照预定尺寸在周围用小别针别住，在上面敷上湿毛巾，把横竖的针织孔舒展平，用热熨斗熨烫。

### 2. 洗涤、整熨

洗涤晾晒时不要使用衣架，因为用衣架容易使衣服变形。

整熨，通过整形，使洗完的编织品恢复原有的松软状态，这就是整熨的目的。首先，把洗过后有些收缩和拉伸的衣物与洗前记下来的尺寸进行核对，用蒸汽熨斗加以整形。熨衣物时，将里子翻过来当作表面，垫上干布再熨。熨烫绒毛很长的安哥拉毛线及粗毛线的时候，要轻轻地使用熨斗，熨后用刷子或是起毛器把毛刷顺。对于边缘上带有饰花的地方，在蒸汽还没有扩散时，就使用刷子进行整理。如果委托干洗店洗衣物，事先最好说明一下被洗的衣物是用何种毛绒织的。加洗不加熨最好，取回衣物后自己来整熨，这样虽然麻烦一些，但因为知道底细，容易保持好形状，穿用也会长远些。

### 3. 保管

由动物纤维编出来的东西，很容易蛀虫或发霉，如果长时间放置不穿时，首先要把残留在纤维中的脏污洗净，衣物完全晾干以后，把防虫剂和干燥剂装进塑料袋里与衣物放在一起保管。存放的东西上面如果带有染色的钮扣或金属亮片等，应该把它们拆下来单独保存，以防由于防虫剂造成它们的变色。在一个容器里面只能装一种防虫剂，不能多种混杂在一起。一般家庭常用的防虫剂有卫生球、樟脑丸等放。这些能驱虫的气体比空气重，容易向下沉，因此装箱时应把防虫剂放在最上层。

### 4. 更新

更新就是拆开编织针孔（线套），把已弯曲了的毛线还原成一根线的状态（复原成原来状态），补充新线，变更编织方法，能做成另外一种新的作品。这一大特性，对于身材长得很快的儿童来说是很有价值的。

更新时先把编织品缝结在一起的部分和拼缝在一起的地方拆开，拆洗要及时，不要等东西完全损坏了再修整，这也是延长毛线寿命的诀窍。对已经起毛并产生粘连的织物，要先用蒸气熨斗烫一下，待其松软后，拆线就容易多了。对于处理打卷了的毛线的方法，只用蒸气熨斗熏烫一下，或放在温水中刷一刷，然后放在阴凉处阴干即可。

重新编织时要注意线的牢度和重量，随时添加补充。

# 附录 世界著名针编织服装品牌介绍

## 米索尼

**创始人：泰·米索尼(Ottavio Missoni)**
**注册地：意大利**
**设计师：泰·米索尼（Ottavio Missoni）与罗莎塔·米索尼(Rosita Missoni）**
**品牌线：Missoni**
**品类：针织成衣、针织服装、香水、配件等**
**品牌简述：**

1953年创始人泰·米索尼与罗莎塔·米索尼结为夫妇，同年在意大利瓦雷泽创立米索尼，由他们俩任设计师，用他们的艺术天赋造就了今天著名的米索尼。米索尼也经营香水和配件等。

以针织著称的米索尼品牌有着典型的意大利风格，几何抽象图案及多彩线条是米索尼的特色，优良的制作、有着强烈的艺术感染力的设计、鲜亮的充满想象的色彩搭配，使米索尼时装不只是一件时装，更像一件艺术品，因而受到全球时装界的广泛关注。用传统的针织机组合出了全新的色彩和服装款式，这就是Missoni夫妇的创新之处，是他们创造了新的着衣法则。艺术品是不会过时的，你买了米索尼时装，在以后的年度里仍可穿着。

## 索尼亚·里基尔

**创始人：索尼亚·里基尔(sonia rykiel)**
**注册地：巴黎**
**设计师：索尼亚·里基尔(sonia rykiel)**
**品牌线：成衣**
**品类：针织女装**
**品牌简述：**

索尼亚·里基尔以编结和针织服装而闻名，具有“针织女王”的美称，索尼亚·里基尔的个性强烈，设计思想相当活跃自由，富有创新精神，设计风格比较独立，就是她发明了把接缝及锁边裸露在外的服装、不处理裙子的下摆等创新时装。

## 贝纳通

**创始人：朱丽安娜·贝纳通(Giuliana Benetton)**
**露西阿诺·贝纳通(Luciano Benetton)**
**吉尔伯特·贝纳通(Gilberto Benetton)**
**卡罗·贝纳通(Carlo Benetton)**
**注册地：意大利**
**设计师：朱丽安娜·贝纳通，有200多名设计师的设计师群**
**品牌线：①全色彩的贝纳通(United Colors of Beneton)**
**②希思莉(Sisley)**
**③012**
**品类：最初是手工编织套衫，陆续推出休闲服、内衣、化妆品、玩具、泳装、眼镜、手表、文具、鞋、居家用品等**
**品牌简述：**

最初时，贝纳通套衫是由朱丽安娜手织的，配以鲜艳的色彩以区分英国产的羊毛衫。第一系列有18件衣服，主要是紫罗兰色套头衫。其后带有明显的地中海及南美风格的亮艳配色成了贝纳通的招贴。贝纳通的服装多为天然纤维如羊绒、羊毛、安哥拉毛面料。 高技术的生产工艺，创造性的设计及优异的市场营销使贝纳通公司成为世界上发展最快的服装生产厂家之一。公司于1965年成立，至今在世界一百多个国家建立了四千多家商店。在中国，贝纳通可算是在年轻人中名声最大的意大利品牌之一，在很多大商场及专卖店有售。1994年，贝纳通在意大利成衣销售中排列第一。

## Amaya Arzuaga

**创始人：Amaya Arzuaga**
**注册地：西班牙**
**设计师：Amaya Arzuaga**
**品牌线：Amaya Arzuaga**
**品类：1994年针织衫系列，后又推出成衣系列**
**品牌简述：**

Amaya Arzuaga品牌由Amaya Arzuaga本人创立，是西班牙家喻户晓的品牌。所有的一切都从1994年她的第一个以针织衫为主的组合开始，Amaya 回忆说："当时，我做的是第一件黑色毛线运动衫"。Amaya Arzuaga品牌服装很性感、很青春，通常是用一些叫不出名字的织物制作的。从塑料到100%开司米都有。全世界有36个国家的600家商店出售该品牌的衣服。在西班牙，Amaya Arzuaga品牌更是家喻户晓。如今，Amaya Arzuaga品牌正有继续向外发展的趋势。

# 参考文献


[1] 饭塚弘子著．服装设计学概论．北京：中国轻工业出版社，2002

[2] 文化服装学院编．文化服装讲座—服装设计篇．北京：中国展望出版社，1984

[3] 刘晓刚，崔玉梅编著．基础服装设计．上海：东华大学出版社，2003

[4] 袁仄等编．服装设计学．北京：中国纺织出版社，2000

[5] 凯瑟琳·麦凯维等著，郭平建等译．时装设计：过程、创新与实践．北京：中国纺织出版社，2005

[6] 桂继烈主编．针织服装设计基础．北京：中国纺织出版社，2001

[7] 文化服装学院编．文化服装讲座—毛线编织篇．北京：中国展望出版社，1984

[8] 柴秀琴编著．机织毛衣新花型图案设计．北京：中国纺织出版社，2000

[9] 沈雷编著．针织毛衫设计．北京：中国纺织出版社，2000

[10] 徐雯著．服饰图案．北京：中国纺织出版社，2001

[11] 史林主编．服装工艺师手册．北京：中国纺织出版社，2000

[12] 包铭新主编．服装设计概论．上海：上海科学技术出版社，2000

[13] 约翰内斯·伊顿著，杜定宇译．色彩艺术．上海：上海人民美术出版社，1985

[14] 大智浩著，陈晓炯译．设计的色彩计划．中国台北：大陆书店，1985

[15] 李莉婷．色彩构成．武汉：湖北美术出版社，2001

[16] 艾布林格．美国经典时装画技法(基础篇)．北京：中国纺织出版社，2003

# 后 记

近年来，针编织服装在市场上越来越受欢迎，各大院校在四年全日制艺术设计本科学生的教学中开设了针编织服装设计与工艺课程。现有关书籍中没有适合艺术类服装设计专业学生的教材。针织方面的书籍虽然有一些，或是一些针织专业的书（理工科），对于艺术类学生不合适，或是一些手工编织毛衣通俗的实用例子，没有设计方面的知识，更没有同时兼顾针编织服装设计、手工编织和机械编织的书籍。作者拟在现有书籍和几年来针编织服装教案以及教学经验的基础上，整理编写一本适合艺术类服装设计专业学生使用，同时兼顾针编织服装设计、手工编织和机械编织知识的教材。

在本书编写过程中参阅了日本和欧美的一些专业书刊和相关技术标准，国内主要参考和借鉴了刘晓刚、崔玉梅、沈雷、徐雯等知名专家、教授的一些专业著作，从而使本书的学术性与实用性兼具，为此他们表示衷心的感谢。

在这本书的编写过程中得到了苏州大学艺术学院同行的大力支持，特别是诸葛铠教授给予的支持，在此表示感谢。

感谢在本书写作过程中给予指点帮助的我的父亲丁德邻先生，弟弟丁希可先生，感谢我先生金学军教授在百忙中的鼎力相助，全书插图的拍摄和电脑制作均为他完成，在此特表示诚挚的谢意。

还要特别感谢东华大学出版社及徐建红编辑的相助，使这本书的出版得以实现。

由于《针编织服装设计与工艺》是对现行针编织服装设计类教材的改革和突破，加之学识的有限，不当之处，在所难免，敬请专家学者不吝赐教。

丁希凡

2006年5月25日

**图书在版编目（CIP）数据**
针编织服装设计与工艺 / 丁希凡编著. 一上海：
东华大学出版社，2006.2
ISBN 7-81111-013-X
Ⅰ.针... Ⅱ.丁... Ⅲ.① 钩针—绒线—服装—
编织—教材 ② 棒针—绒线—服装—编织—教材
Ⅳ.TS941.763
中国版本图书馆CIP数据核字(2005)第142662号

责任编辑　徐建红
设计总监　高秀静

**针编织服装设计与工艺**

丁希凡　编著

东华大学出版社出版
(上海市延安西路1882号　邮政编码:200051)
新华书店上海发行所发行　苏州望电印刷有限公司印刷
开本:889×1194 1/16　印张: 10.5　字数:380千字
2006年9月第1版　2006年9月第1次印刷
印数: 0 001-5 000
ISBN 7-81111-013-X/TS·004
定价: 35.00元